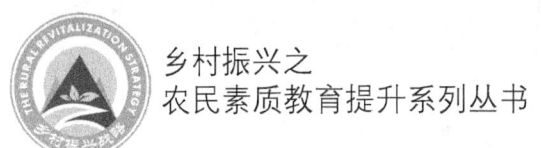

粮油作物
栽培技术

徐钦军　董建国　王文军　主编

中国农业科学技术出版社

图书在版编目（CIP）数据

粮油作物栽培技术 / 徐钦军，董建国，王文军主编 . —北京：中国农业科学技术出版社，2020.7（2024.11重印）

（乡村振兴之农民素质教育提升系列丛书）

ISBN 978-7-5116-4806-8

Ⅰ. ①粮… Ⅱ. ①徐…②董…③王… Ⅲ. ①粮食作物-栽培技术 ②油料作物-栽培技术 Ⅳ. ①S51②S565

中国版本图书馆CIP数据核字（2020）第103781号

责任编辑　徐　毅
责任校对　李向荣

出 版 者	中国农业科学技术出版社
	北京市中关村南大街12号　邮编：100081
电　　话	（010）82106631（编辑室）　（010）82109702（发行部）
	（010）82109709（读者服务部）
传　　真	（010）82106631
网　　址	http://www.castp.cn
经 销 者	各地新华书店
印 刷 者	北京虎彩文化传播有限公司
开　　本	850 mm×1 168 mm　1/32
印　　张	6.375
字　　数	150千字
版　　次	2020年7月第1版　2024年11月第3次印刷
定　　价	32.00元

版权所有·翻印必究

《粮油作物栽培技术》编委会

主　编： 徐钦军　董建国　王文军

副主编： 王子朋　陈仁校　刘书军　薛　丽
　　　　　孟智鹏　赵培光

编　委： 赵　媛　李瑞进　张　浩　张福成
　　　　　潘先慈　常金河　谢新宇　王丽竹
　　　　　王国维　赵慧宾　杜永华　马亚静
　　　　　李　蕾　徐爱华　范以香　律　涛
　　　　　李成杰　邓　琳　刘　敏　宋聪华

前　言

农业是国民经济的基础，农业生产提供了人类生存必需的生活资料。农作物生产又是农业生产的基础，优质高效地发展农作物生产，提高农作物的产量和品质，持续地利用自然资源，是我国农业生产的长期目标。粮食、油料作物作为我国的主要农作物，在国民经济中占有重要地位。

为满足广大农民需求，针对各地粮油作物生产的发展实际，结合近年来粮油作物生产研究的新技术、新经验，编写了《粮油作物栽培技术》。书中针对玉米、小麦、谷子、花生、大豆、高粱、甘薯、马铃薯、油菜九大粮油作物，分别从生长特征、播种技术、田间管理技术以及主要病虫害防治技术进行阐述，具有结构清晰、内容丰富、语言通俗等特点。

本书既可供广大基层技术人员在粮油作物技术推广工作中参考，也可供农业产业扶贫技术人员培训学习，还可供广大农民在实际生产中阅读参考。

由于时间仓促，加之编者水平和能力的限制，书中难免存在错误或缺点，诚望广大读者批评指正。

编　者
2020 年 4 月

目 录

第一章 玉米 …………………………………………… (1)
第一节 玉米的播种技术 …………………………… (1)
一、选择优良品种 ……………………………… (1)
二、种子精选和处理 …………………………… (1)
三、确定播种期 ………………………………… (2)
四、适时播种 …………………………………… (2)
第二节 玉米的田间管理 …………………………… (5)
一、苗期管理 …………………………………… (5)
二、穗期管理 …………………………………… (6)
三、粒期管理 …………………………………… (7)
第三节 甜、糯玉米增产技术 ……………………… (8)
一、甜玉米栽培技术 …………………………… (8)
二、糯玉米栽培技术 …………………………… (12)
第四节 玉米病虫害防治 …………………………… (15)
一、玉米主要病害防治 ………………………… (15)
二、玉米主要虫害防治 ………………………… (22)

第二章 小麦 …………………………………………… (30)
第一节 小麦的播种技术 …………………………… (30)
一、选择优良品种 ……………………………… (30)
二、种子包衣和药剂拌种 ……………………… (30)
三、土壤处理 …………………………………… (31)
四、精细整地 …………………………………… (31)

· 1 ·

五、科学施肥 …………………………………………… (31)
　　六、适时播种 …………………………………………… (32)
　第二节　小麦的田间管理 ………………………………… (33)
　　一、冬前及越冬期管理 ………………………………… (33)
　　二、返青—抽穗期管理 ………………………………… (35)
　　三、抽穗—成熟期管理 ………………………………… (37)
　第三节　小麦地膜覆盖生产技术 ………………………… (39)
　　一、小麦地膜栽培模式 ………………………………… (39)
　　二、选地整地 …………………………………………… (39)
　　三、施足底肥，测土配方施肥 ………………………… (40)
　　四、起垄覆膜 …………………………………………… (40)
　　五、选用适宜品种 ……………………………………… (41)
　　六、适期播种 …………………………………………… (41)
　　七、播量和播深 ………………………………………… (42)
　　八、田间管理 …………………………………………… (42)
　　九、地膜回收 …………………………………………… (43)
　第四节　小麦病虫害防治 ………………………………… (43)
　　一、小麦主要病害防治 ………………………………… (43)
　　二、小麦主要虫害防治 ………………………………… (48)

第三章　谷　子 ……………………………………………… (52)
　第一节　谷子的播种技术 ………………………………… (52)
　　一、选用良种 …………………………………………… (52)
　　二、处理种子 …………………………………………… (53)
　　三、准备土壤 …………………………………………… (53)
　　四、确定播种期 ………………………………………… (54)
　　五、适时播种 …………………………………………… (55)
　第二节　谷子的田间管理 ………………………………… (57)
　　一、苗期管理 …………………………………………… (57)

二、拔节抽穗期管理 …………………………………… (60)
　　三、抽穗成熟期管理 …………………………………… (63)
第三节　无公害谷子栽培技术 …………………………… (65)
　　一、轮作倒茬和选地整地 ……………………………… (65)
　　二、播种 ………………………………………………… (66)
　　三、田间管理 …………………………………………… (66)
　　四、谷子收获 …………………………………………… (68)
第四节　谷子病虫害防治 ………………………………… (68)
　　一、谷子主要病害防治 ………………………………… (68)
　　二、谷子主要虫害防治 ………………………………… (73)

第四章　花　生 …………………………………………… (75)
第一节　花生地膜覆盖栽培技术 ………………………… (75)
　　一、播前准备 …………………………………………… (75)
　　二、覆膜与播种 ………………………………………… (76)
　　三、田间管理 …………………………………………… (78)
　　四、适时收获，回收残膜 ……………………………… (80)
第二节　麦套花生高效栽培技术 ………………………… (80)
　　一、统筹安排，深耕增肥 ……………………………… (80)
　　二、良种配套，光热互补 ……………………………… (81)
　　三、改革种植方式，发挥边行优势 …………………… (81)
　　四、科学管理 …………………………………………… (82)
第三节　夏直播花生起垄种植技术 ……………………… (82)
　　一、选用优良早熟品种 ………………………………… (83)
　　二、精细整地，科学播种 ……………………………… (83)
　　三、施足底肥、巧施叶面肥 …………………………… (83)
　　四、及早播种、适度密植 ……………………………… (84)
　　五、使用专用机械播种，提高播种质量 ……………… (84)
　　六、适时化控，防止倒伏 ……………………………… (84)

七、叶面施肥 …………………………………………（85）
　　八、及时进行病虫害防治 ……………………………（85）
　　九、旱浇涝排，防止积水 ……………………………（85）
　　十、适时收获 …………………………………………（85）
　第四节　花生病虫害防治 …………………………………（86）
　　一、花生主要病害防治 ………………………………（86）
　　二、花生主要虫害防治 ………………………………（93）

第五章　大豆 …………………………………………………（99）
　第一节　大豆的播种技术 …………………………………（99）
　　一、种子准备 …………………………………………（99）
　　二、种子质量要求 ……………………………………（100）
　　三、土壤准备 …………………………………………（100）
　　四、播种方法 …………………………………………（101）
　第二节　大豆的田间管理 …………………………………（102）
　　一、出苗期管理 ………………………………………（102）
　　二、幼苗分枝期管理 …………………………………（103）
　　三、开花结荚期管理 …………………………………（104）
　　四、鼓粒成熟期管理 …………………………………（105）
　第三节　玉米大豆带状复合种植技术 ……………………（106）
　　一、品种选择 …………………………………………（106）
　　二、间作方式 …………………………………………（106）
　　三、及时足墒播种 ……………………………………（107）
　　四、及时补苗和间苗 …………………………………（107）
　　五、巧施肥 ……………………………………………（107）
　　六、化学除草 …………………………………………（107）
　　七、化控 ………………………………………………（107）
　　八、病虫防治 …………………………………………（107）
　第四节　大豆病虫害防治 …………………………………（108）

一、大豆主要病害防治 …………………………… (108)
二、大豆主要虫害防治 …………………………… (114)

第六章 高粱 ……………………………………… (119)
第一节 高粱的播种技术 ………………………… (119)
一、种子准备 ……………………………………… (119)
二、土壤准备 ……………………………………… (120)
三、肥料准备 ……………………………………… (120)
四、播种时期 ……………………………………… (121)
五、播种方法 ……………………………………… (121)
第二节 高粱的田间管理 ………………………… (122)
一、苗期管理 ……………………………………… (122)
二、拔节孕穗期管理 ……………………………… (123)
三、抽穗结实期管理 ……………………………… (123)
第三节 高粱病虫害防治 ………………………… (124)
一、高粱主要病害防治 …………………………… (124)
二、高粱主要虫害防治 …………………………… (127)

第七章 甘薯 ……………………………………… (130)
第一节 甘薯的育苗技术 ………………………… (130)
一、甘薯的萌芽习性及薯苗生长需要的条件 ……… (130)
二、育苗准备 ……………………………………… (132)
三、育苗方式 ……………………………………… (133)
四、选种和排薯 …………………………………… (137)
五、苗床管理 ……………………………………… (138)
第二节 甘薯的栽插技术 ………………………… (140)
一、壮苗适时栽种 ………………………………… (140)
二、合理密植 ……………………………………… (141)
第三节 甘薯的田间管理 ………………………… (141)
一、前期管理 ……………………………………… (141)

二、中期管理 …………………………………………… (142)
　　三、后期管理 …………………………………………… (144)
　第四节　甘薯病虫害防治 ………………………………… (145)
　　一、甘薯主要病害防治 ………………………………… (145)
　　二、甘薯主要虫害防治 ………………………………… (147)

第八章　马铃薯 ……………………………………………… (150)
　第一节　马铃薯的播种技术 ……………………………… (150)
　　一、播种 ………………………………………………… (150)
　　二、合理密植 …………………………………………… (152)
　第二节　马铃薯的田间管理 ……………………………… (153)
　　一、发芽期管理 ………………………………………… (153)
　　二、幼苗期管理 ………………………………………… (153)
　　三、块茎形成期管理 …………………………………… (154)
　　四、块茎增长期管理 …………………………………… (154)
　　五、淀粉积累期管理 …………………………………… (155)
　第三节　马铃薯地膜覆盖与间作套种栽培技术 ……… (155)
　　一、地膜覆盖栽培技术 ………………………………… (155)
　　二、马铃薯间作套种技术 ……………………………… (157)
　第四节　马铃薯病虫害防治 ……………………………… (158)
　　一、马铃薯主要病害防治 ……………………………… (158)
　　二、马铃薯主要虫害防治 ……………………………… (164)

第九章　油　菜 ……………………………………………… (171)
　第一节　油菜的播种技术 ………………………………… (171)
　　一、选用良种 …………………………………………… (171)
　　二、种子处理 …………………………………………… (171)
　　三、适期早播 …………………………………………… (172)
　　四、合理密植 …………………………………………… (172)
　　五、适度浅播 …………………………………………… (173)

  六、种植方法 …………………………………………（173）
第二节　油菜的田间管理 ……………………………（174）
  一、油菜大田苗期田间管理 …………………………（174）
  二、油菜蕾薹期田间管理 ……………………………（175）
  三、油菜花果期的田间管理 …………………………（177）
第三节　观光油菜的栽培技术 ………………………（178）
  一、选好品种 …………………………………………（178）
  二、适期早播 …………………………………………（179）
  三、合理密植 …………………………………………（179）
  四、科学施肥 …………………………………………（179）
  五、及时间定苗 ………………………………………（180）
  六、化学除草 …………………………………………（180）
  七、防冻保苗 …………………………………………（180）
  八、防病治虫 …………………………………………（180）
  九、适时收获 …………………………………………（181）
  十、注意事项 …………………………………………（181）
第四节　油菜病虫害防治 ……………………………（181）
  一、油菜主要病害防治 ………………………………（181）
  二、油菜主要害虫防治 ………………………………（185）
参考文献 ……………………………………………（190）

第一章 玉 米

第一节 玉米的播种技术

一、选择优良品种

优良品种是指能够利用当地的自然、栽培环境中的有利条件，避免或减少不利因素的影响，并能有效解决生产中的一些特殊问题，表现为高产、稳产、优质、低消耗、抗逆性强、适应性好，在生产上有其推广利用价值，能获得较好的经济效益的品种。玉米优良品种在粮食产量中的科技贡献率在40%以上，所以，选用优良品种是玉米生产的一个重要环节。

由于品种具有区域性，不同品种对环境条件的适应性不同，不同地区需要不同类型的品种，购种前，一定要充分了解当地的自然情况和生产条件和种植制度，确定所选品种类型。如无霜期短，选早熟品种；土壤肥沃，水利设施好，选高产耐肥耐密品种。同时，根据种植密度确定优良种子的数量。每亩（即667m^2，全书同）种植密度为高密4 000~4 200株，中密3 500~3 800株，低密2 800~3 000株。

二、种子精选和处理

（一）精选种子

为了提高种子质量，在播种前要对籽粒进行粒选，选择籽粒饱满、大小均匀、颜色鲜亮、发芽率高的种子，去除秕、烂、霉、小的籽粒。

（二）种子处理

1. 晒种

播前 4~5 天选晴天把玉米种子摊在席上或干燥向阳的地上，晒 2~3 天，可提高种子的生活力和发芽率，晒后可提早出苗 1~2 天，增产 5%~6%。

2. 药剂拌种

目前，生产上推广包衣种子。种子包衣剂由杀虫剂、杀菌剂、复合肥料、微量元素、植物生长调节剂、保水剂和成膜物质加工制成，药剂和种子的比例为 1:50。使用包衣种子能够防治苗期病害如玉米丝黑穗病、黑粉病等，起到抗虫、抗旱、促进生根发芽的作用，达到苗全、苗齐、苗壮的目的。

三、确定播种期

确定玉米适宜播种期必须考虑当地的温度、墒情、品种特性以及土壤、地势、耕作制度，既能充分利用有效的生育季节和有利的生长环境，又要充分发挥高产的特性。春播玉米的适宜播期使玉米需水高峰期与当地的自然降水集中期相吻合，避免"卡脖旱"和后期涝害。

玉米是喜光、喜温的作物。一般土壤耕作层 5~10cm 地温稳定在 10~12℃，土壤田间持水量 60% 以上为玉米的最适播期。山西省玉米春播期一般在 4 月 25 日至 5 月 5 日。夏播玉米在麦收后 6 月中下旬。适期早播，以延长玉米生长期，提高产量。

四、适时播种

（一）播种方法

玉米播种的方法有点播、条播。

1. 点播

按计划的行、株距开穴,施肥、点种、覆土。较费工。

2. 条播

一般用机械播种,工效较高,适用于大面积种植。生产上通常采用"机械精量播种"。

玉米精量播种技术——是利用精量播种机将玉米种子按照农艺要求,"株(粒)距、行距和播深都受严格控制的单粒播种方法"。省种、省工,可提高密度和整齐度。玉米精量播种是一个技术体系,应用条件:①种子大小一致,以适应排种器性能要求;种子质量合乎标准,确保出苗率。种子经包衣剂处理,以防治病虫害。②有先进、实用精量播种机。③土壤条件好,整地质量达规定要求。④有配套播种工艺和田间管理技术。

(二)种植方式

在生产上常用2种方式:宽窄行种植,等行距。

1. 宽窄行种植

宽窄行种植也称大小垄,行距一宽一窄。生育前期对光能和地力利用较差,在高密度、高肥水的条件下,有利于中后期通风、透光,使"棒三叶"处于良好的光照条件之下,有利于干物质积累,产量较高。但在密度小,光照矛盾不突出的条件下,大小垄就无明显的增产效果,有时反而减产。目前可采用宽行距67~70cm(或80~90cm)、窄行距30~33cm(或40~50cm)。

2. 等行距种植

玉米植株抽穗前,叶片、根系分布均匀,能充分利用养分和阳光。在高肥水、高密度条件下,生育后期行间郁闭,光照条件差,群体个体矛盾尖锐,影响产量提高。一般行距60~70cm,植株分布均匀。

(三)种植密度

玉米种植密度要根据品种特性、气候条件、土壤肥力、生产条件等来确定。合理密植的原则有以下几个方面。

1. 根据品种特性确定

紧凑型品种宜密,反之则宜稀;生育期短的品种宜密,反之则宜稀;小穗型品种宜密,反之则宜稀;矮秆品种宜密,反之则宜稀。

2. 根据水肥条件

同一品种肥地易密,瘦地易稀。旱地适宜稀,水浇地适宜密。

3. 根据光照、温度等生态条件确定

玉米是喜温、短日照作物。短日照、气温高条件易密,反之宜稀;南方品种宜密,北方品种宜稀;春播宜稀,夏播宜密。

根据种植习惯和肥力水平,高水肥地每亩4 000~4 500株,中等地力每亩3 500~4 000株,中等肥力每亩3 000株左右。

(四) 播种深度

播种深浅要适宜,覆土厚度一致,以保证出苗时间集中,苗势整齐。一般玉米播深以4~6cm(华北)或3~5cm(东北)为宜,墒情差时,可加深,但不要超过10cm。

(五) 播后处理

播种工作结束后,播种后的处理也是保证苗全、齐、匀非常重要的一个步骤。

1. 播后镇压

玉米采用播种机播种后要进行镇压,有利于玉米种子与土壤紧密接触,利于种子吸水出苗。墒情一般播后及时镇压;土壤湿度大时,等表土干后再镇压,避免造成土壤板结,出苗不好。

2. 喷施除草剂

根据杂草种类和为害情况确定使用除草剂的类型和用量。播后苗前施药,土壤必须保持湿润才能使药剂发挥作用,如在干旱环境下施药,除草效果差,甚至无效。在玉米播种后出苗前,喷

50%乙草胺乳油 100~150mL；喷施阿特拉津+乙草胺的混合药 150~300mL，除草效果比较好。

第二节 玉米的田间管理

一、苗期管理

苗期管理的主攻目标是通过促控措施促进根系发育，控制地上部徒长，培育壮苗，达到苗全、苗齐、苗壮，为穗粒期的健壮生长和良好发育奠定基础。

苗期管理措施如下。

（一）破土防旱，助苗出土

玉米播种后，常遇土壤干旱，持水量低于60%，则产生炕种、炕芽、干霉，或出土后枯死，导致缺苗。亦有播种出苗前遇大雨、暴雨，引起土面板结，空气不足，玉米幼苗变黄，潜伏于板结层下难以出土，故应注意破土及防旱，助苗出土。

（二）查苗补缺

玉米播种后常因种子质量、整地和播种质量、土壤温度、水分以及病虫害等原因造成缺苗，严重影响密度和整齐度。所以，玉米出苗后要及时查苗、补缺。玉米缺苗在2叶后一般不宜补种，否则，造成苗龄悬殊，株穗不整齐，穗小空秆，失去补种的作用。因此，播种时应在行间增播1/10的种子，或按5%~10%的比例人工育苗，苗龄2.5~4叶时，在阴天或傍晚带土移栽，栽后浇水，覆土保墒。成活后追施速效化肥，促苗生长，提高大田整齐度。

（三）间苗、定苗

为了确保种植密度和整齐度，播种时一般应播超过种植密度1~2倍的种子，出苗后3~4叶期要及时间苗定株。间苗原则是间密留稀、间弱留强。地下害虫、鸟兽危害严重的地区，为避免早间苗造成缺苗或晚间苗形成老苗、弱苗，可分次间苗，第一次在幼苗 3~4 叶时间去过多密集的幼苗。第二次在 4~5 叶时结合定苗间苗，定苗要掌握定向、留匀、留壮的原则，在 1 穴内留苗要大小相等，整齐一致，株距均匀。

（四）水肥管理

玉米苗期需肥量不足总需肥量的 10%，需水量占总需水量的 18% 以下。若基肥、种肥以及底墒不足，严重影响幼苗生长，除早施重施苗肥和浇水外，一般采用勤锄、深锄、轻施和偏施的管理措施，促进发根，控上促下，蹲苗促壮，为后期矮秆、大穗，基部节间短、粗，抗旱抗倒奠定基础。

（五）防治害虫

地老虎是玉米苗期主要地下害虫，另有蛴螬、蝼蛄等为害，常造成缺苗，特别是春玉米较严重，要加强防治。

二、穗期管理

穗期的生长特点：穗期是茎、叶的营养生长与雄、雌穗分化发育的生殖生长并进的双旺时期。穗期管理措施如下。

（一）追肥

穗期追肥包括拔节肥和穗肥。苗期缺肥、长势差的春玉米，或生育期短的夏秋玉米和未施底肥、生长势弱的套种玉米，拔节肥与穗肥并重。拔节肥促进生长发育，搭好丰产架子。对底、苗肥充足，苗势旺，叶色深的玉米，可不施拔节肥，而在大喇叭口期集中重施穗肥，既攻大穗和穗 3 叶，又防止基部节间过长而发生倒伏，增产效果十分明显。

（二）中耕培土

中耕培土要结合追肥进行，一般浅锄利于根系横向分布和下扎，中耕过深伤根多，影响对肥、水的吸收。追肥结合培土，肥料深埋，既减少养分损失，又利于支持根入土发生分支，对后期水分、养分的吸收以及抗倒起重要作用。培土的时间以追施穗肥的大喇叭口期进行为宜。如培土早，则根际温度低，空气不足，抑制节根的发生和生长，进而影响玉米产量且抗倒力减弱。

三、粒期管理

粒期主要是通过促控管理措施防止叶片退黄、根系早衰。粒期管理措施主要有以下几点。

（一）补施粒肥

在早施穗肥或用量不足，出现叶片落黄脱肥现象时，于开花或灌浆期以追肥总量的10%的速效氮肥补施1次粒肥，可起到延长绿色叶面积的功能期，养根、保叶，提高粒重的作用。

（二）去雄

在玉米抽雄散粉前拔除雄穗，让雄穗所消耗的养分、水分转供雌穗的生长发育，可使果穗增长，穗粒数和粒重增加，秃顶减轻。去雄的时间以抽雄未散粉前进行为宜，过早容易损伤第1~2片顶叶，过晚已散粉，降低去雄作用。去雄宜在晴天10:00~15:00进行，利于伤口愈合，避免病菌感染。阴雨连绵天气不宜去雄。去雄可隔行或隔株，去弱留强，去雄不宜超过1/3。山地、坡地或迎风面的2行不宜去雄。

（三）人工辅助授粉

采用人工辅助授粉可增加授粉机会，提高结实率，一般当代可增产8%~10%，地方品种下代还能增产8%左右。人工辅助授粉宜在盛花期晴天9:00~11:00；露水干后进行。可用2人拉绳或竹竿扎成的"丁"字形架推动雄穗或摇动植株，促使花粉散落到花丝上，隔天1次，一般进行2~3次。在花粉量不足或缺乏花粉的条件下，需要从采粉地块一次采集50~100株的混合花粉，用授粉器逐株授粉，隔天1次，连续3~4次，这种方法速

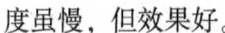

度虽慢，但效果好。

（四）排水防渍

玉米乳熟期降水过多，田间持水量长时间超过80%以上，或田间溃水，会使根系活力迅速下降，叶片变黄。也易引起玉米倒伏，应注意排水防渍。

第三节 甜、糯玉米增产技术

一、甜玉米栽培技术

种植超甜玉米主要用于鲜果穗或果穗加工后进入市场，对果穗商品件要求极高，所以，要实行规范化栽培。规范化的目标，要使每1株玉米生产出一个商品果穗。总的原则是保证植株正常生长，重在前期管理，80%以上的施肥在攻穗肥时完成。具体要求如下。

（一）运用良种

1. 郑超甜3号

该品种是河南省农业科学院粮食作物研究所利用自选系TGQ026为母本，自选系郑超甜TBO018为父本杂交组配的黄色超甜型胚乳玉米单交种。

特征特性：芽鞘和幼苗为绿色。株高215cm左右，穗位高83cm，茎粗2.1cm，茎叶夹角较小，株型半紧凑，叶片数19片，叶缘和叶片绿色。花丝浅绿色，苞叶较长，果穗长筒形，穗长21.5cm，穗粗4.5cm，无秃尖，穗行数14行，行粒数40粒，籽粒马齿形，超甜型胚乳，籽粒成熟晒干后呈皱缩状，千粒重266.4g。穗轴白色。雄穗纺锤形，分枝中等，张开角度中，花药绿色，护颖绿色，花粉量大，花期长，花期协调。抗病、抗倒性好，品质优良。种子浅黄色，马齿形，千粒重160g。在河南省春播生育期 101 天，夏播 92 天，属中熟品种，出苗一鲜穗采收78.7 天。适宜种植密度 3 300~3 700 株。一般亩产 720kg 以上。主要优点是：浅黄色超甜性胚乳，风味独特、甜味浓，适口性好，具有甜、脆、香的突出特点，是青年、儿童特别喜爱的副食佳品。郑超甜 3 号属于水果、蔬菜型玉米，可以将鲜穗蒸、煮熟后直接食用，又可制成各种风味的罐头、加工食品和冷冻食品，超甜玉米精加工成鲜速食果穗、鲜超甜玉米籽粒罐头等。

2. 郑甜 66

河南省农业科学院粮食作物研究所育成。品种来源：66T195×66T205。

特征特性：出苗至采收期 7~8 天，比对照中农大甜 413 晚 3 天。幼苗叶鞘绿色。株型半紧凑，株高 253.7cm，穗位高 91.4cm。花丝绿色，果穗筒形，穗长 21.2cm，穗粗 4.7cm，穗行数 14~16 行，穗轴白色，籽粒黄色、硬粒型，百粒重（鲜籽粒）38.1g。接种鉴定：中抗茎腐病和小斑病，感瘤黑粉病，高感矮花叶病。品尝鉴定 84.2 分；品质检测：皮渣率 10.11%，还原糖含量 7.46%，水溶性糖含量 23.57%。平均亩产鲜穗 881.6kg。亩种植密度 3 500 株。注意防治矮花叶病和瘤黑粉病。

3. 京科甜 533

审定编号：国审玉 2016025。育种者：北京市农林科学院玉米研究中心。品种来源：T68×T520。

特征特性：黄淮海夏玉米区出苗至鲜穗采摘 72 天，比中农大甜 413 早 3 天。幼苗叶鞘绿色，叶片浅绿色，叶缘绿色，花药粉色，颖壳浅绿色。株型平展，株高 182cm，穗位高 53.6cm，成株叶片数 18 片。花丝绿色，果穗筒形，穗长 17.3cm，穗行数 14~16 行，穗轴白色，籽粒黄色、甜质型，百粒重（鲜籽粒）37.5g。接种鉴定，中抗矮花叶病，中感小斑病。还原糖含量 7.48%，水溶性糖含量 23.09%。亩种植密度 3 500 株。注意及时防治小斑病。

4. ND488

审定编号：国审玉 2016016。育种者：中国农业大学。品种来源：S3268×NV19。

特征特性：黄淮海夏玉米区出苗至鲜穗采收期 71 天，比中农大甜 413 早 5 天。幼苗叶鞘绿色。株型松散，株高 197.5cm，穗位高 68.8cm，花丝绿色，果穗筒形，穗长 19.3cm，穗粗 4.9cm，穗行数 14~16 行，穗轴白色，籽粒黄色、硬粒型，百粒重（鲜籽粒）41.8g。接种鉴定：中抗小斑病，感茎腐病和瘤黑粉病，高感矮花叶病。品尝鉴定 86.7 分；品质检测：皮渣率 8.31%，还原糖含量 7.65%，水溶性糖含量 24.08%。亩种植密度 3 500 株。注意防治茎腐病、矮花叶病和瘤黑粉病。

（二）隔离种植

为了确保超甜玉米甜度，要与其他玉米隔离种植，生产上可采用超甜玉米连片种植，与其他玉米隔离 500m 以上，或花期相隔 10 天以上。

（三）种子处理

甜玉米种子由于有体轻、芽势弱的特点，在种子播种前首先要进行翻晒，选晴天晒 2 小时，以利出苗，然后对种子进行适当的挑选。由于我国目前的制种水平和种子后处理技术还不高，种子质量还无法达到国外水平，甜玉米在种子发芽率、发芽势上，个体之间较大差异，因此，用人工适当地挑选，以利于出苗的整齐一致。有条件的单位还可进行种衣剂处理，以达到壮苗抗病的目的。

（四）精细育苗

超甜玉米种子皱瘪，发芽、出苗比其他玉米种子困难，所以，要精细育苗，要选择土质好，整地精细，土壤水分湿度适宜的苗床地。杭州春播一般在 3 月下旬，即气温稳定在 12℃ 以上，春播最大的问题是低温,最好采用地膜覆盖加尼龙小拱棚育苗,确保发芽所需要的温度。移栽前7天要揭去尼龙小拱棚,进行炼苗,使春播苗健壮,有利于移栽后成活。由于甜玉米芽顶土力较差,应适当浅播,播后盖少量的细土。秋播一般在7月中旬,秋播最大的问题是播种后遇大雨,土壤板结,容易造成超甜玉米种子烂种,最好的办法,采用苗床播种后,用尼龙小拱棚,再上面盖上遮阳网,这样既能防雨(尼龙),又有防止拱棚内温度过高(遮阳网)或苗床播种后直接盖草篱,既可防雨又可保持土壤适宜温度,有利发芽出苗;不管用何种方法,待种子发芽,苗刚顶出土,大约播后5天,一定要全部去掉覆盖物,使其完全露地生长,保证苗生长健壮。发芽率85%左右的超甜玉米种子,1kg种子育苗移栽可种植1亩。如果用营养钵育效果更好。

(五)小苗带土移栽

选择土壤疏松,肥力好,排灌方便的田块种植。移栽前每亩施15kg复合肥(N∶P∶K)=15∶15∶15,采用2叶一心小苗带土移栽,移苗时要对苗进行挑选,选择大小基本一致、粗壮、长势旺、根系发达的秧苗,进行移栽。这样有利于大田植株生长发育的一致性,甜玉米种植田块中若苗期生长不一致,后期很难弥补上。这样不仅会影响产量,还会影响果穗的商品率。移栽后立即(当天)浇1次清水粪,如第二天天晴,温度高,还要浇1次清水粪,防止小苗脱水,以利成活,促早发。秋季栽培的甜玉米,最好在傍晚移栽。

(六)合理密植

为了达到每1株玉米都生长出一个好商品果穗,不宜过密,以每亩3 500株为宜。春播鲜果穗平均单重达到250g,秋播鲜果穗平均单重达到220g。

(七)早施重施追肥

施足基肥的基础上,及早追肥,早施重施攻穗肥,确保超甜玉米生长一致，这是种好超甜玉米成败的关键。重施基肥，亩施基肥12kg纯氮。可以用饼肥、栏肥、过磷酸钙、碳铵等。早施苗肥，选在5叶期，每亩施10kg尿素作苗肥，秋季若天干旱可加水浇施，待长到喇叭口，有9~10张可见叶时，早施、重施攻穗肥，每亩施8kg尿素加16kg复合肥混合后作攻穗肥施，边施边结合清沟培土，既能保肥，又能压草、防涝，达到超甜玉米生长一路青，产量高，品质好。

（八）防治虫害

春播主要防治蚜虫和玉米螟，秋播主要防治蚜虫、玉米螟、菜青虫等，秋播玉米虫害比春播玉米重。应选用高效低毒农药防治害虫，如锐劲特等，待玉米吐丝结束后停止用化学农药，确保鲜食玉米的绝对安全。

二、糯玉米栽培技术

（一）运用良种

糯玉米品种较多，品种类型的选择要注意市场习惯要求。并注意早、中、晚熟品种搭配，以延长供给时间，满足市场和加工厂的需要。

1. 粮源糯1号

审定编号：国审玉20170042。河南省粮源农业发展有限公司用（2M07-300×FW20-2选育而成的玉米品种。夏播出苗至鲜穗采收平均76天，株型半紧凑，第一叶片尖端为软圆形；幼苗叶鞘紫色，叶片深绿色，花药浅紫色。株高243cm，穗位高117cm，空株率2.5%，倒伏率12.1%，倒折率0.7%，花丝浅紫色，果穗苞叶适中，穗长19.1cm，穗粗4.6cm，秃尖1.1~1.0cm，穗行数14~16行，穗轴白色，籽粒白色。专家品尝鉴定86.5分。据河南农业大学品质检测，粗淀粉含量61.2%，支链淀粉占粗淀粉的98.4%，皮渣率7.9%。河北省农科院植保所接

第一章 玉米

种抗性鉴定结果：感小斑病、中抗茎腐病、高感矮花叶病、中抗瘤黑粉。中等肥力以上地块栽培，亩种植密度3 800株左右。注意防治小斑病和矮花叶病。

2. 洛白糯2号

审定编号：国审玉20170041。洛阳市农林科学院、洛阳市中垦种业科技有限公司用LBN2586×LBN0866选育。夏播鲜穗播种至采收期平均75.7天，株型半紧凑，苗期叶鞘紫色，第一叶片尖端为卵圆形；平均株高255.3cm，穗位101.5cm，空株率2.1%，倒伏率0.1%，倒折率1.6%，全株叶片数19~20片，花丝粉红色，花药黄色。果穗柱形，平均鲜穗穗长19.8cm，秃尖0~3.0cm，穗粗5.0cm，穗行数16.2行，商品果穗率80.5%，穗轴白色，籽粒白色，糯质。专家品尝鉴定平均86.9分。据河南农业大学品质检测：平均粗淀粉含量56.4%，支链淀粉占粗淀粉97.8%，皮渣率7.4%。河北省农科院植保所接种抗性鉴定结果：中抗小斑病抗、茎腐病（14.5%），高感矮花叶病、感瘤黑粉病。亩种植密度3 000~3 500株。注意防治矮花叶病和瘤黑粉病。

3. 甜糯182号

审定编号：国审玉2016004。育种者：山西省农业科学院高粱研究所。品种来源：京140×1h36。

特征特性：出苗至鲜穗采收期76天，比苏玉糯2号晚2天。幼苗叶鞘浅紫色。株型半紧凑，株高251.6cm，穗位104.7cm。花丝浅紫色，穗长20.3cm，穗行数14~16行，穗轴白色，籽粒白色，百粒重（鲜籽粒）39.3g，平均倒伏（折）率6.1%。接种鉴定：高感小斑病，感茎腐病、矮花叶病和瘤黑粉病。品尝鉴定87.6分；支链淀粉占粗淀粉98.2%，皮渣率6.8%。亩种植密度3 500株。注意防治小斑病、茎腐病、矮花叶病和瘤黑粉病。

(二) 隔离种植

糯质玉米基因属于胚乳性状的隐性突变体。当糯玉米和普通玉米或其他类型玉米混交时，会因串粉而产生花粉直感现象，致使当代所结种子失去糯性，变成普通玉米。因此，种糯玉米时，必须隔离种植。空间隔离要求糯玉米田块周围200m不种植同期播种的其他类型玉米。也可利用花期隔离法，将糯玉米与其他玉米分期播种，使开花期相隔15天以上。

(三) 分期播种

为了满足市场需要，做加工原料的，可进行春播、夏播和秋播；作鲜果穗煮食的、应该尽量赶在水果淡季或较早地供给市场，这样可获得较高的经济效益。因此，糯玉米种植应根据市场需求，遵循分期播种、前伸后延、均衡上市的原则安排播期。

(四) 合理密植

糯玉米的密度安排不仅要考虑高产要求，更要考虑其商品价值。种植密度与品种和用途有关。高秆、大穗品种宜稀，适于采收嫩玉米。如果是低秆小穗紧凑品种，种植宜密，这样可确保果穗大小均匀一致，增加商品性，提高鲜果穗产量。

(五) 肥水管理

糯玉米的施肥应坚持增施有机肥，均衡施用氮肥、磷肥、钾肥，早施前期肥的原则。有机肥作基肥施用，追肥应以速效肥为主，追肥数量应根据不同品种和土壤肥力而定。一般每公顷施纯氮300~375kg、五氧化二磷150kg、氧化钾225~300kg。基肥、苗肥的比例应为70%，穗肥为30%。糯玉米的需水特性与普通玉米相似。

(六) 病虫害防治

糯玉米的茎秆和果穗养分含量均高于普通玉米，故容易遭各种病虫害，而果穗的商品率是决定糯玉米经济效益的关键因素，因此，必须注意及时防治病虫害。糯玉米作为直接食用品，必须严格控制化学农药的施用,要采用生物防治及综合防治措施。

第四节 玉米病虫害防治

一、玉米主要病害防治

下面介绍一下近年来发生较重的病虫害。

(一) 玉米大斑病

1. 症状

玉米大斑病主要为害玉米的叶片、叶鞘和苞叶。下部叶片先发病,在叶片上先出现水渍状青灰色斑点,然后沿叶脉向两端扩展,形成边缘暗褐色、中央淡褐色或青灰色的大斑,后期病斑常纵裂。严重时病斑融合,叶片变黄枯死。潮湿时病斑上有大量灰黑色霉层。

2. 防治方法

(1) 农业防治。选用抗病品种;适期早播避开病害发生高峰。

(2) 药剂防治。在心叶末期到抽雄期或发病初期喷洒50%多菌灵可湿性粉剂500倍液或50%甲基硫菌灵可湿性粉剂600倍液、75%百菌清可湿性粉剂800倍液、65%代森锌可湿性粉剂400~500倍液,隔10天防1次,连防2~3次,可收到一定防治效果。

(二) 玉米小斑病

1. 症状

玉米整个生育期均可发病,以抽雄、灌浆期发生较多。玉米小斑病主要为害叶片,有时也可为害叶鞘、苞叶和果穗。苗期染病初在叶面上产生小病斑,周围或两端具褐色水浸状区域,病斑多时融合在一起,叶片迅速死亡。在感病品种上,病斑为椭圆形或纺锤形，较大，不受叶脉限制，灰色至黄褐色，病斑边缘褐色或边缘不明显，后期略有轮纹。在抗病品种上，出现黄褐色坏死小斑点，有黄色晕圈，表面霉层很少。在一般品种上，多在叶脉间产生椭圆形或近长方形斑，黄褐色，边缘有紫色或红色晕纹圈。有时病斑上有2~3个同心轮纹。多数病斑连片，病叶变黄枯死。叶鞘和苞叶染病，病斑较大，纺锤形，黄褐色，边缘紫色不明显，病部长有灰黑色霉层。

2. 防治方法

（1）农业防治。选用抗病品种，清洁田园，深翻土地，控制菌源，降低田间湿度，适期早播，合理密植，避免脱肥。

（2）药剂防治。发病初期喷洒75%百菌清可湿性粉剂800倍液、25%苯菌灵乳油800倍液、50%多菌灵可湿性粉剂600倍液、65%代森锰锌可湿性粉剂500倍液。从心叶末期到抽雄期，每7天喷1次，连续喷2~3次。

（三）玉米锈病

1. 症状

玉米锈病主要侵害玉米叶片，偶尔为害玉米苞叶和叶鞘。发病初期在叶片基部和上部主脉及两侧，散生或聚生淡黄色斑点，后突起形成红褐色疱斑，即病原夏孢子堆。后期病斑形成黑色疱斑，即病原冬孢子堆。发生严重时，叶片上布满孢子堆，造成大量叶片干枯，植株早衰，籽粒不饱满，导致减产。更重时，造成叶片从受害部位折断，全株干枯，减产严重。

2. 防治方法

（1）农业防治。种植抗病品种。适当早播，合理密植，中耕松土，浇适量水，合理施肥。

（2）药剂防治。在玉米锈病的发病初期用药防治。用25%三唑酮可湿性粉剂800~1 500倍液、12.5%烯唑醇可湿性粉剂2 000倍液、50%多菌灵可湿性粉剂500~1 000倍液。隔10天左右喷1次，连防2~3次。

（四）玉米青枯病

1. 症状

在玉米灌浆期开始发病，乳熟末期至蜡熟期进入显症高峰。从始见病叶至全株显症，常见有2种类型。青枯型：即典型症状或称急性型。叶片自下而上突然萎蔫，迅速枯死，叶片灰绿色、水烫状。黄枯型：又称慢性型。包括从上向下枯死和自下而上枯死两种，叶片逐渐变黄而死。该型多见于抗病品种，发病时期与青枯型相近。

2. 防治方法

（1）农业防治。选育和使用抗病品种。增施底肥、农家肥及钾肥、硅肥。平整土地，合理密植，及时防治黏虫、玉米螟和地下害虫。

（2）药剂防治。在发病初期喷根茎，可用50%速克灵可湿性粉剂1 500倍液、65%代森锌可湿性粉剂1 000倍液、50%多菌灵可湿性粉剂500倍液，每隔7~10天喷1次，连治2~3次。

（五）玉米瘤黑粉病

1. 症状

玉米整个生长期均可发生，只感染幼嫩组织。苗期发病，常在幼苗茎基部生瘤，病苗茎叶扭曲畸形，明显矮化，可造成植株死亡。成株期发病，叶和叶鞘上的病瘤常为黄、红、紫、灰杂色疮痂病斑，成串密生或呈粗糙的皱折状，在叶基近中脉两侧最多，一般形成冬孢子前就干枯。茎上病瘤大型，常生于各节的基部，多为腋芽受侵后病菌扩展、组织增生、突出叶鞘而成；成熟前白色肉质而富有水分，后变淡灰色或粉红色，最后变成黑褐色。成熟后外膜破裂散出大量黑粉。雄穗抽出后，部分小穗感染常长出长囊状或角状的小瘤，多几个聚集成堆，1个雄穗可长出几个至十几个病瘤。雌穗受害多在上半部或个别籽粒生瘤，病瘤一般较大,常突破苞叶外露。

2. 防治措施

(1) 农业防治。种植抗病品种。施用充分腐熟有机肥。抽雄前适时灌溉,勿受旱。清除田间病残体,在病瘤未变之前割除深埋。

(2) 药剂防治。在玉米出苗前地表喷施50%克菌丹可湿性粉剂200倍,或15%三唑酮可湿性粉剂750~1 000倍液;在玉米抽雄前喷50%多菌灵可湿性粉剂500~1 000倍液、15%三唑酮可湿性粉剂750~1 000倍液、12.5%烯唑醇可湿性粉剂750~1 000倍液,防治1~2次,可有效减轻病害。

(六) 玉米丝黑穗病

1. 症状

玉米丝黑穗病系苗期侵入的系统侵染性病害。一般在穗期表现出典型症状,主要为害果穗和雄穗。

(1) 雌穗受害。多数病株果实较短,基部粗顶端尖,近似球形,不吐花丝,除苞叶外,整个果穗变成1个大的黑粉包。初期苞叶一般不破裂,散出黑粉。黑粉一般黏结成块,不易飞散,内部夹杂有丝状寄主维管束组织,丝黑穗,因此而得名。有些品种幼苗心叶牛鞭状,有些病株前期异常,节短株矮,茎基膨大,如笋,叶丛生,稍硬上举。也有少数病株,受害果穗失去原有形状,果穗的颖片因受病菌刺激而过度生长成管状长刺,长刺的基部略粗,顶端稍细,中央空松,长短不一,自穗基部向上丛生,整个果穗畸形,成刺头状。长刺状物基部有的产生少量黑粉,多数则无,没有明显的黑丝。

(2) 雄穗受害。①多数情况是病穗仍保持原来的穗形,仅个别小穗受害变成黑粉包。花器变形,不能形成雄蕊,颖片因受病菌刺激变为畸形,呈多叶状。雄花基部膨大,内有黑粉。②也有个别整穗受害变成一个大黑粉包的,症状特征是以主梗为基础膨大成黑粉包，外面包被白膜，白膜破裂后散出黑粉。黑粉常黏结成块，不易分散。③管状：病株果穗和雄穗同时受害的情况较多，果穗受害雄穗正常的情况比较少，而果穗正常雄穗受害的情况几乎见不到。

2. 防治方法

（1）农业防治。种植抗病杂交种，适当迟播。及时拔除病株。

（2）药剂防治。①采用"乌米净"种衣剂包衣，这是目前最有效的方法。②玉米播前按药种1∶40进行种子包衣或用10%烯唑醇乳油20g湿拌玉米种100kg，堆闷24小时，或用种子重量0.3%~0.4%的15%三唑酮乳油拌种或50%多菌灵可湿性粉剂按种子重量0.7%拌种或12.5%烯唑醇可湿性粉剂用种子重量的0.2%拌种，采用此法需先喷清水把种子湿润，然后与药粉拌匀后晾干即可播种。

（七）玉米纹枯病

1. 症状

玉米纹枯病主要为害叶鞘，也可危害茎秆，严重时引起果穗受害。发病初期多在基部1~2茎节叶鞘上产生暗绿色水渍状病斑，后扩展融合成不规则形或云纹状大病斑。病斑中部灰褐色，边缘深褐色，由下向上蔓延扩展。穗苞叶染病也产生同样的云纹状斑。严重时根茎基部组织变为灰白色，次生根黄褐色或腐烂。多雨、高湿持续时间长时，病部长出稠密的白色菌丝体，菌丝进一步聚集成多个菌丝团，形成小菌核。

2. 防治方法

（1）农业防治。种植抗病品种。秋季深翻土地，合理密槽，避免偏施氮肥。

（2）药剂防治。发病初期用1%井冈霉素0.5kg/亩对水200kg或50%甲基硫菌灵可湿性粉剂500倍液、50%·多菌灵可湿性粉剂600倍液、50%三唑酮乳油1 000倍液，重点喷玉米基部。

（八）玉米弯孢真菌叶斑病（又称黄斑病）

1. 症状

玉米弯孢真菌叶斑病主要为害叶片，偶尔为害叶鞘。叶部病斑初为水浸状褪绿半透明小点，后扩大为圆形、椭圆形、梭形或长条形病斑，病斑2~7mm，病斑中心灰白色，边缘黄褐或红褐色，外围有淡黄色晕圈，并具有黄褐相间的断续环纹。潮湿条件下，病斑正反两面均可产生灰黑色图纸状物，即病原菌的分生孢子和分生孢子。感病品种叶片密布病斑，病斑结合后叶片枯死。

2. 防治方法

（1）农业防治。选择抗病组合。田间发病较轻的品种材料有农大108、郑单14等。清洁田园，玉米收获后及时清理病株和落叶，集中处理或深耕深埋，减少初侵染来源。

（2）药剂防治。调查发病率在5%~7%，气候条件适宜，有大流行趋势时，应立即喷施杀菌剂进行防治，用50%退菌特、80%炭疽福美800~1 000倍液，75%百菌清600倍液，50%多菌灵500倍液喷雾防治。

（九）玉米粗缩病

1. 症状

玉米粗缩病病株严重矮化，仅为健株高的1/3~1/2，叶色深绿，宽短质硬，呈对生状，叶背面侧脉上现蜡白色突起物，粗糙明显。有时叶鞘、果穗苞叶上具蜡白色条斑。病株分蘖多，根系不发达，易拔出。轻者虽抽雄，但半包被在喇叭口里，雌穗败育或发育不良，花丝不发达，结实少，重病株多提早枯死和无收。

2. 防治方法

（1）农业防治。在病害重发地区，应调整播期，使玉米对病害最为敏感的生育时期避开灰飞虱成虫盛发期，降低发病率。

春播玉米应当提前到4月中旬以前播种；夏播玉米则应集中在5月底至6月上旬为宜。玉米播种前或出苗前大面积清除田间、地边杂草，减少毒源，提倡化学除草。合理施肥、灌水，加强田间管理，缩短玉米苗期时间。

（2）药剂防治。玉米播种前后和苗期对玉米田及四周杂草喷40%，氧化乐果乳油1 500倍液。玉米苗期喷洒5%菌毒清可湿性粉剂500倍液或15%病毒必克可湿性粉剂500~700倍液。也可在灰飞虱传毒为害期，尤其是玉米7叶期前喷洒2.5%扑虱蚜乳油1 000倍液或40%氧化乐果1 500倍液喷雾防治，隔6~7天喷施1次，连喷2~3次。

（十）玉米褐斑病

1. 症状

玉米褐斑病主要为害叶片、叶鞘和茎秆，叶片与叶鞘相连处易染病。叶片、叶鞘染病后病斑圆形至椭圆形，褐色或红褐色，病斑易密集成行，小病斑融合成大病斑，病斑四周的叶肉常呈粉红色，后期病斑表皮易破裂，散出褐色粉末，即病原菌的休眠孢子。

2. 防治方法

（1）农业防治。收获后彻底清除病残体，及时深翻。选用抗病品种。适时追肥、中耕助草，促进植株健壮生长，提高抗病力。栽植密度适当，提高田间通透性。

（2）药剂防治。用34%卫福1kg拌玉米种133kg，有较高防效。必要时在玉米10~13叶期喷洒20%三唑酮乳油3 000倍液，或50%苯菌灵可湿性粉剂1 500倍液。

（十一）玉米矮花叶病毒病（即叶条纹病）

1. 症状

黄绿条纹相间，出苗7叶易感病，发病早、重病株枯死，损失90%~100%，全生育期均能感病，苗期发病为害最重，出穗后轻，病菌最初侵染心叶基部，细脉间出现椭圆行褪绿小斑点，断续排列，呈典型的条点花叶状，渐至全叶，形成明显黄绿相间退绿条纹，叶脉呈绿色。该病以蚜虫传毒为主，越冬寄主是多年生禾本科杂草。

2. 防治方法

（1）农业防治。因地制宜，合理选用抗病品种，在田间尽早识别并拔除病株。适期播种和及时中耕锄草，可减少传毒寄主，减轻发病。

（2）药剂防治。在传毒蚜虫迁入玉米田的始期和盛期，及时喷洒 50%氧化乐果乳油 800 倍液加 50%抗蚜威可湿性粉剂 3 000 倍液、10%吡虫啉可湿性粉剂 2 000 倍液。

（十二）空气污染毒害

空气污染毒害主要有臭氧、二氧化硫、氟化物、氯气等。其中，氟化物毒害症状是沿叶缘到叶尖出现褪绿斑点，叶脉间出现小的不规则的褪绿斑并连续成褪绿条带。

二、玉米主要虫害防治

（一）玉米螟

1. 形态特征

玉米螟成虫体长 10～13mm，黄褐色蛾子。卵扁椭圆形，鱼鳞状排列成卵块，初产乳白色，半透明，后转黄色，表具网纹，有光泽。幼虫头和前胸背板深褐色，体背为淡灰褐色、淡红色或黄色等。蛹黄褐至红褐色，臀棘显著，黑褐色。

2. 防治方法

（1）玉米螟的防治。要做到 4 个相结合，即越冬防治与田间防治相结合，心叶期防治和穗期防治相结合，化学防治和生物防治相结合，防治玉米与防治其他寄主作物相结合。

（2）施药方法。有撒施颗粒剂、药液灌心和药液喷雾等 3

种。在心叶末期被玉米螟蛀食的花叶率达10%，或夏秋玉米的吐丝期，虫穗率达5%时，应进行防治。第一代幼虫集中在心叶内为害，常用的颗粒剂有3%辛硫磷颗粒剂，每株施用1g，3%克百威颗粒剂1kg加细土8kg，混匀后每株用1~2g，防效良好。

（3）药液灌心。可用80%敌敌畏乳油，稀释成2 500~3 000倍液、40%毒死蜱乳油1 000~2 000倍、50%辛硫磷乳油1 000~2 000倍、20%氰戊菊酯乳油1 500~2 000倍，灌在玉米心叶内，每株10~15mL。也可用上述灌心药剂，浓度可稍高一些，喷在玉米上，以心叶为重点。

（4）穗期防治。用50%敌敌畏乳剂0.5kg，加水500~600L，在雌穗苞顶开一小口，注入少量药液，1kg药液一般可灌雌穗360个。

（5）生物防治。赤眼蜂在消灭玉米螟方面有很显著的作用，并且成本低。在玉米螟产卵的始期、盛期、末期分别放蜂，每亩放蜂1万-3万只，设2~4个放蜂点。用玉米叶把卵卡卷起来，卵卡高度距地面1m为宜。另外，利用微生物农药杀螟杆菌、7216、白僵菌等。施用方式有2种：一种方式是灌心叶，用每克含孢子100亿以上的菌粉1kg加水1 000~2 000kg，灌注心叶。另一种方式是配制成菌土或颗粒剂，菌土一般用1kg杀螟杆菌加细土或炉灰100~300kg。颗粒剂一般配成20倍左右（白僵菌粉1kg与20kg炉渣颗粒混拌即成），每株施2g左右。

（二）玉米蚜虫

1. 分布与为害

玉米蚜虫，又称玉米蜜虫、腻虫等。以成、若蚜群集于叶片、嫩茎、花蕾、顶芽等部位刺吸汁液，使叶片皱缩、卷曲、畸形。在危害的同时分泌"蜜露"，在叶面形成一层黑色霉状物，影响作物的光合作用，导致减产。此外，尚能传播玉米矮花叶病毒病。

2. 防治方法

（1）农业防治。及时清除田间地头杂草。

（2）心叶期兼治。在玉米心叶期，结合防治玉米螟，每亩用3%辛硫磷颗粒剂1.5~2kg撒于心叶，既可防治玉米螟，也可兼治玉米蚜虫。玉米拔节期，发现中心蚜株也可喷洒每亩用10%吡虫啉可湿性粉剂25g，或2.5%高效氯氟氰菊酯乳油25mL，或3%啶虫脒乳油30mL，或48%毒死蜱乳油25mL，或50%抗蚜威可湿性粉剂20g，上述药剂任选一种，对水40kg，对玉米中上部均匀喷雾，重发为害田块，可间隔7~10天再喷1次。

（3）抽雄期喷雾防治。这是防治玉米蚜虫的关键时期，在玉米抽雄初期，用3%啶虫脒或10%吡虫啉，每亩15~20g，对水50kg喷雾。还可使用毒沙土防治，每亩用40%乐果乳油50mL，对水500L稀释后，拌15kg细沙土，然后把拌匀的毒沙土均匀地撒在植株心叶上，每株1g，可兼防兼治玉米螟为害。

（三）玉米蓟马

1. 分布与为害

玉米蓟马是河南省玉米苗期的主要害虫。它以成、若虫群集在玉米新叶内锉吸叶片汁液或表皮，叶片受害后，出现断续的银白色斑点，并伴有小污点，严重时植株生长心叶扭曲，叶片不能展开，使叶片成"牛尾巴"状畸形叶，甚至造成烂心，对玉米的正常生长造成很大影响。防治指标：有虫株率5%或百株虫量30头。

2. 防治方法

（1）农业防治。结合田间定苗，拔除虫苗，带出田外，减少其传播蔓延。清除田间地头杂草，防治杂草上的蓟马向玉米幼苗上转移。增施苗肥，适时浇水，促进玉米早发，营造不利于蓟马发生的环境，以减轻其为害。

（2）化学防治。防治玉米蓟马可选用10%吡虫啉可湿性粉剂每亩15~20g加4.5%高效氯氰菊酯乳油每亩20~30mL，对水30kg进行常规喷雾，对卷成"牛尾巴"状畸形苗，从顶部掐掉一部分，促进心叶展出。喷药时，注意喷施在玉米心叶内和田间、地头杂草上，还可兼治灰飞虱。施药时间选择10:00前或15:00后，避开高温，以免造成药害。

注意：玉米苗期喷施烟嘧磺隆除草剂的田块，7天内不要喷施含有机磷农药成分的杀虫剂，以免产生药害。

(四) 二点委夜蛾

1. 分布与危害

二点委夜蛾的主要危害在于幼虫咬食玉米茎基部和根系，造成植株萎蔫枯死，导致缺苗断垄甚至毁种。

成虫形态特征：体长10~12mm，灰褐色，前翅黑灰色，上有白点、黑点各1个。后翅银灰色，有光泽。

幼虫形态及为害特征：老熟幼虫体长14~18mm，最长达20mm，黄黑色到黑褐色；头部褐色，额深褐色，额侧片黄色，额侧缝黄褐色；腹部背面有2条褐色背侧线，到胸节消失，各体节背面前缘具有1个倒三角形的深褐色斑纹；气门黑色，气门上线黑褐色，气门下线白色；体表光滑。有假死性，受惊后蜷缩成"c"字形。幼虫主要从玉米幼苗茎基部钻蛀到茎心后向上取食，形成圆形或椭圆形孔洞，钻蛀较深切断生长点时，心叶失水萎蔫，形成枯心苗；严重时直接蛀断，整株死亡；或取食玉米气生根系，造成玉米苗倾斜或侧倒。地老虎大龄幼虫直接咬断幼苗基部，而二点委夜蛾很少有此现象，多形成孔洞。体色与黄地老虎相近，但身体短于黄地老虎，黄地老虎体节背面前缘无倒三角形的深褐色斑纹。

发生规律及现状：成虫具有较强趋光性。6月中旬达发生盛期。幼虫在6月中旬开始为害夏玉米。一般顺垄为害，有转株为害习性；有群居性，多头幼虫常聚集在一株下为害，可达8~10

头；白天喜欢躲在玉米幼苗周围的碎麦秸下或在2 cm左右的土缝内为害玉米苗；麦秆较厚的玉米田发生较重。为害寄主除玉米外，也为害大豆、花生，还取食麦秸和麦糠下萌发的小麦籽粒和自生苗。

2. 防治方法

（1）清洁田园。收获小麦后将麦秸集中处理；有条件的旋耕灭茬，使田间无覆盖物，二点委夜蛾没有了藏身之处自然就不到玉米田为害了；玉米播种后出苗前，将覆盖物扒离播种行15cm，也可明显降低为害率。

（2）喷杀成虫。预防二点委夜蛾产卵可有效减少幼虫发生数量。在6月上旬至中旬，可于下午到地里用工具触动田间麦秸等覆盖物，如惊飞起较大量的蛾，说明这块地中隐藏着二点委夜蛾，应立即喷药杀灭。可用2.5%高效氯氟氰菊酯乳油2 500倍液或4.5%高效氯氰菊酯1 000~2 000倍液或48%毒死蜱乳油800~1 000倍液或30%乙酰甲胺磷乳油600倍液全田均匀喷雾防治。为提高杀虫效果，可以混加10%抑太保乳油2 000倍液。喷杀成虫可结合喷施封闭型除草剂一起进行。

（3）喷杀幼虫。2龄幼虫喷雾防治。幼虫期害虫处于玉米垄间的覆盖物下，玉米受害不甚明显，玉米苗旁没有幼虫相围。6月下旬进入幼虫2龄期，这个阶段可采用喷雾的方法防治。可用15%茚虫威悬浮剂1 500倍液，或50%辛硫磷乳油1 000倍液，或20%氯虫苯甲酰胺悬浮剂4 500倍液或80%敌敌畏乳油1 000倍液，或2.5%高效氯氟氰菊酯2 000倍液，或48%毒死蜱乳油1 200倍液，或30%毒·辛微囊悬浮剂1 200倍液全田均匀喷雾防治。

（4）诱杀幼虫。3龄幼虫已经向玉米苗根围集中，开始咬根、钻洞，田间玉米或心叶萎蔫或东倒西歪。3龄幼虫进入暴食初期，抗药性大增，应采取撒施毒饵、毒土诱杀的方法保苗。

毒饵配方：一是用48%毒死蜱乳油100mL加80%敌敌畏200mL加1.5kg碎青菜叶或杂草加5kg炒香的麦麸，对水搅拌至可握成团，拌成毒饵，于傍晚撒小堆施于距离玉米苗茎基部约5cm处，麦秸覆盖较厚处要多撒施些。二是用30%毒·辛微囊悬浮剂500mL拌12.5kg炒香的麦麸，然后堆闷2小时，这些毒饵用于3亩地，也是于傍晚撒小堆施于距离玉米苗茎基部约5cm处。一般第二天为害率就明显降低。

毒土配方：每亩用80%敌敌畏乳油300~500mL或48%毒死蜱乳油500mL、30%毒·辛微囊悬浮剂500mL，加适量水均匀拌入25kg细土中，于早晨顺垄环撒在玉米苗旁边。

(5) 灌药防治。4龄幼虫体长1.4cm以上，幼虫将转棵为害，一只幼虫可连续为害7~8棵玉米苗，并且白天也啃食玉米苗。对暴食期的大龄幼虫，可亩用100kg药液喷淋在玉米苗根围。药剂可选用48%·毒死蜱乳油1 500倍液、30%乙酰甲胺磷乳油1 000倍液，将喷雾器旋水片拧下或用直喷头顺垄喷于玉米苗茎基部。也可每亩用48%毒死蜱乳油800mL，或50%辛硫磷乳油500mL加48%毒死蜱乳油300mL，稀释成200倍液随浇水冲施于玉米行间的垄背上。为防止幼虫爬到上浮的麦秸上部，应边浇水边用铁锹将浮在水面的麦秸压入水中。

(五) 黏虫

1. 分布与危害

玉米黏虫以幼虫暴食玉米叶片，严重发生时，短期内吃光叶片，造成减产甚至绝收。为害症状主要以幼虫咬食叶片。1~2龄幼虫取食叶片造成孔洞，3龄以上幼虫为害叶片后呈现不规则的缺刻，暴食时，可吃光叶片。大发生时将玉米叶片吃光，只剩叶脉，造成严重减产，甚至绝收。当一块田玉米被吃光，幼虫常成群列纵队迁到另一块田为害，故又名"行军虫"。一般地势低、玉米植株高矮不齐、杂草丛生的田块受害重。

玉米黏虫是玉米作物虫害中常见的主要害虫之一，属鳞翅目，夜蛾科。幼虫：幼虫头顶有八字形黑纹，头部褐色、黄褐色至红褐色，2~3龄幼虫黄褐至灰褐色，或带暗红色，4龄以上的幼虫多是黑色或灰黑色。身上有5条背线，所以，又称五色虫。腹足外侧有黑褐纹，气门上有明显的白线。蛹红褐色。

成虫：体长17~20mm，淡灰褐色或黄褐色，雄蛾色较深。前翅有两个土黄色圆斑，外侧网斑的下方有一小白点，白点两侧各有一小黑点，翅顶角有1条深褐色斜纹。

卵：馒头形，稍带光泽，初产时白色，颜色逐渐加深，将近孵化时黑色。

发生特点：降水过程较多，土壤及空气湿度大等气象条件非常利于黏虫的发生为害。发生规律乱、虫无滞育现象，只要条件适宜，可连续繁育。世代数和发生期因地区、气候而异。玉米黏虫为杂食性暴食害虫，为害最严重。

2. 防治技术

（1）农业防治。①清除田间玉米秸秆，用作燃料或堆沤做堆肥，以杀死潜伏在秆内的虫蛹。合理轮作，不宜连作，浅耕灭茬，减少成虫基数。②除卵、诱卵：在黏虫产卵期间，根据成虫的产卵特点，在田间连续诱卵或摘除卵块，可明显减少卵量、幼虫数量。③人工捕杀及中耕除草消灭幼虫。在黏虫幼虫发生期，可利用中耕除草将杂草及幼虫翻于土下，杀死幼虫，同时，也降低了田间湿度，增加了幼虫死亡率。

（2）生物防治。①投放赤眼蜂，采用天敌防治。②应用生物农药白僵菌防治，可显著减轻为害。

（3）物理防治。①诱杀成虫：利用成虫的趋化性用黑光灯诱杀；糖醋液诱杀成虫，诱液中酒、水、糖、醋按1∶2∶3∶4的比例，再加入少量敌百虫，将诱液放入盆内，每天傍晚置于田间距地面1m处，次日早晨取回诱盆并加盖，以防诱液蒸发。2~

3天加1次诱液，5天换1次诱液。②草把诱卵：把稻草松散地捆成60cm长、直径10cm的小把，插于玉米田间，高于植株。5~7天换1次，换下的草把要烧掉，把糖醋液喷在草把上效果更好。凡是诱蛾、诱卵的糖醋盆、草把附近，每隔7天喷1次药，把产出的卵所孵化出的幼虫杀死。

（4）化学防治。注意防治务必掌握在幼虫3龄期以前，施药以上午为宜，重点喷洒植株上部。20%氯虫苯甲酰胺悬浮剂（康宽）10~15mL/亩，或2.5%高效氯氟氰菊酯40~80mL/亩，5%高效氯氟氰菊酯12~18g/亩，或20%灭幼脲3号悬浮剂25~30g/亩，或48%毒死蜱（乐斯本）乳油30~40mL/亩，或2.14%甲维盐油悬浮剂60~80mL/亩，或40%氯虫·噻虫嗪水分散粒剂8~12g/亩，或5%茚虫威悬浮剂20~40mL/亩对水40~50kg均匀喷雾。

第二章 小 麦

第一节 小麦的播种技术

一、选择优良品种

播前要精选种子,去除病粒、霉粒、烂粒等,并选晴天晒种1~2天。种子质量应达到如下标准:纯度≥99.0%,净度≥99.0%,发芽率≥85%,水分≤13%。

二、种子包衣和药剂拌种

为预防土传、种传病害及地下害虫,特别是根部和茎基部病害,必须做好种子包衣或药剂拌种。条锈病、纹枯病、腥黑穗病等多种病害重发区,可选用2%立克秀干拌剂或湿拌剂,按每100kg种子用药剂100~150g,或6%亮穗悬浮种衣剂按100kg种子用药剂33~45mL,或苯醚甲环唑(3%敌萎丹)悬浮种衣剂按药种比1:(167~200)进行种子包衣,氟咯菌腈(2.5%适乐时)悬浮种衣剂按每100kg种子用药剂100~200mL,或27%酷拉斯(苯醚·咯·噻虫)悬浮种衣剂按每100kg小麦种子用制剂200mL拌种;小麦全蚀病重发区,可选用硅噻菌胺(12.5%全蚀净)悬浮剂每10kg种子20~40mL,或适麦丹(2.4%苯醚甲环唑+2.4%氟咯菌腈)悬浮种衣剂按每100kg种子用10~15g药剂拌种;小麦黄矮病和丛矮病发生区,可用27%酷拉斯悬浮种衣剂拌种；防治蝼蛄、蛴螬、金针虫等地下害虫可用40%甲基异柳磷乳油或40%辛硫磷乳油进行药剂拌种。多种病虫混发区，采用杀菌剂和杀虫剂各计各量混合拌种或种子包衣。对上季收获期遇雨等造成种子质量较差的，不宜用含三唑类的杀菌剂进行种子包衣或拌种。

三、土壤处理

地下害虫严重发生地块，每亩可用40%,辛硫磷乳油或40%甲基异柳磷乳油0.3kg，加水1~2kg，拌细土25kg制成毒土，耕地前均匀撒施于地面，随犁地翻入土中。

四、精细整地

前茬玉米收获后应及早粉碎秸秆，秸秆切碎长度≤10cm，均匀撒于地表，用大型拖拉机耕翻入土，耙糖压实，并浇塌墒水，每亩补施尿素5kg，以加速秸秆腐解。

秋作物成熟后及早收获腾茬，耙糖保墒。按照"秸秆还田必须深耕，旋耕播种必须耙实"的要求，提倡用大型拖拉机深耕细耙。连续旋耕2~3年的麦田必须深耕1次，耕深25cm左右，或用深松机深松30cm左右，以破除犁底层，促进根系下扎，有利于吸收深层水分和养分，增强抗灾能力。耕后耙实耙细，平整地面，彻底消除"龟背田"。

播前土壤墒情不足的麦田应适时造墒，保证土壤含水量达到田间最大持水量的70%~85%，确保足墒播种，一播全苗。

五、科学施肥

一般亩产400kg左右麦田亩施纯氮（N）12~14kg，磷肥（P_2O_5）5~7kg，钾肥（K_2O）4.6kg；亩产500kg以上高产麦田亩施纯氮（N）14~16kg，磷肥（P_2O_5）8~10kg，钾肥

（K_2O）5~8kg。小麦玉米一年两熟麦田应注意增加磷肥施用量。

基肥在应耕地前撒施或用旋耕播种机机施。机施肥料宜选用颗粒肥，且注意肥层与种子之间的土壤隔离层不小于3cm，肥带宽度略大于种子的播幅宽度。

六、适时播种

根据品种特性，确定适宜播期。豫北、豫西北地区半冬性品种宜在10月5—12日播种，弱春性品种在10月12—18日播种；豫中、豫东地区半冬性品种在10月8—15日播种，弱春性品种在10月15—20日。适期播种范围内，早茬地种植分蘖力强、成穗率高的品种，亩基本苗控制在15万~18万株，一般亩播量8~10kg；中晚茬地种植分蘖力弱、成穗率低的品种，亩基本苗控制在18万~22万株，一般亩播量9~12kg。如播种时土壤墒情较差、因灾延误播期或整地质量差、土壤肥力低的麦田，可适当增加播种量。一般每晚播3天亩增加播量0.5kg，但亩播量最多不能超过15kg。

提倡半精量播种，并适当缩小行距。高产田块采用20~23cm等行距，或（15~18）cm×25cm宽窄行种植；中低产田采用20~23cm等行距种植。机播作业麦田要求做到下种均匀、不漏播、不重播、深浅一致、覆土严实，地头地边播种整齐。与经济作物间作套种还应注意留足留好预留行。播种深度以3~5cm为宜，在此深度范围内，应掌握沙土地宜深，黏土地宜浅；墒情差的宜深，墒情好的宜浅；早播的宜深，晚播的宜浅的原则。采用机条播时播种机行走速度控制在每小时5km，确保下种均匀、深浅一致、不漏播、不重播。旋耕和秸秆还田的麦田，播种时，要用带镇压装置的播种机随播镇压，踏实土壤，确保顺利出苗。

第二节 小麦的田间管理

一、冬前及越冬期管理

（一）查苗补种，疏密补稀

缺苗在15cm以上的地块要及时催芽开沟补种同品种的种子，墒情差时在沟内先浇水再补种；也可采用疏密补稀的方法，移栽带1~2个分蘖的麦苗，覆土深度要掌握上不压心，下不露白，并压实土壤，适量浇水，保证成活。

（二）适时中耕镇压

每次降水或浇水后要适时中耕保墒，破除板结，促根蘖健壮发育。对群体过大过旺麦田，可采取深中耕断根或镇压措施，控旺转壮，保苗安全越冬。对秸秆还田没有造墒的麦田，播后必须进行镇压，使种子与土壤接触紧密；对秋冬雨雪偏少，口墒较差，且坷垃较多的麦田，应在冬前适时镇压，保苗安全越冬。

（三）看苗分类管理

1. 对于因地力、墒情不足等造成的弱苗，要抓住冬前有利时机追肥浇水，一般每亩追施尿素10kg左右，并及时中耕松土，促根增蘖。

2. 对晚播弱苗，冬前可浅锄松土，增温保墒，促苗早发快长。这类麦田冬前一般不宜追肥浇水，以免降低地温，影响发苗。

3. 对有旺长趋势的麦田，要及时进行深中耕镇压，中耕深度以7~10cm为宜。

（四）科学冬灌

对秸秆还田、旋耕播种、土壤悬空不实或缺墒的麦田必须进行冬灌，保苗安全越冬。冬灌的时间一般在日平均气温3~4℃时开始进行，在夜冻昼消时完成，每亩浇水 40m³，禁止大水漫灌。浇过冬水后的麦田，在墒情适宜时要及时划锄松土，以免地表板结龟裂，透风伤根造成黄苗死苗。

(五) 防治病虫草害

麦田化学除草：于 11 月上中旬至 12 月上旬，日平均气温 10℃ 以上时及时防除麦田杂草。对野燕麦、看麦娘、黑麦草等禾本科杂草，每亩用 6.9% 精噁唑禾草灵（骠马）水乳剂 60~70mL 或 10% 精噁唑禾草灵（骠马）乳油 30~40mL 加水 30kg 喷雾防治；对节节麦、野燕麦等杂草亩用 3% 甲基二磺隆乳油（世玛）25~30mL 加水 30kg 喷雾防治。对播娘蒿、荠菜、猪殃殃等阔叶类杂草，每亩可用 75% 苯磺隆（阔叶净、巨星）干悬浮剂 1.0~1.8g，或 10% 苯磺隆可湿性粉剂 10~15g，或 20% 使它隆乳油 50~60mL 加水 30~40kg 喷雾防治。

也可以在播后芽前或芽后早期亩用 50% 吡氟酰草胺（骄马）可湿性粉剂 15~20g，防治麦田阔叶杂草和部分 1 年生禾草。骄马在小麦播种后至拔节前均可使用，骄马既能杀死已出土杂草，又能封闭未出土杂草，有效防除小麦田猪殃殃、繁缕、牛繁缕、婆婆纳、宝盖草、麦家公、野油菜、荠菜、播娘蒿、野老鹳草等绝大多数 1 年生阔叶杂草。对农药时要采取两步配制法，即先用少量水配制成较为浓稠的母液，然后再倒入盛有水的容器中进行最后稀释。

越冬前是小麦纹枯病的第一个盛发期，每亩可用 12.5% 烯唑醇（禾果利）可湿性粉剂 20~30g，或 15% 唑酮可湿性粉剂 100g，对水 50kg 均匀喷洒在麦株茎基部进行防治。

对蛴螬、金针虫等地下虫为害较重的麦田，每亩用 40% 甲基异柳磷乳油或 50% 辛硫磷乳油 500mL 加水 750kg，顺垄浇灌；或每亩用 50%，辛硫磷乳油或 48% 毒死蜱乳油 0.25~0.3L，对水 10 倍，拌细土 40~50kg，结合锄地施入土中。

对麦黑潜叶蝇发生严重麦田，亩用40%，氧化乐果80mL，加4.5%高效氯氰菊酯30mL加水40~50kg喷雾；或用1%阿维菌素3 000~4 000倍液喷雾，同时，兼治小麦蚜虫和红蜘蛛。对小麦胞囊线虫病发生严重田块，亩用5%线敌颗粒剂3.7kg，在小麦苗期顺垄撒施，撒后及时浇水，提高防效。

（六）严禁畜禽啃青

要加强冬前麦田管护，管好畜禽，杜绝畜禽啃青。

二、返青—抽穗期管理

（一）中耕划锄

返青期各类麦田都要普遍进行浅中耕，以松土保墒，破除板结，增加土壤透气性，提高地温，消灭杂草，促进根蘖早发稳长。对于生长过旺麦田，在起身期进行隔行深中耕，控旺转壮，蹲秸壮秆，预防倒伏。

（二）因苗制宜，分类管理

1. 对于一类苗麦田，应积极推广氮肥后移技术，在小麦拔节中期结合浇水每亩追施尿素8~10kg，控制无效分蘖滋生，加速两极分化，促穗花平衡发育，培育壮秆大穗。

2. 对于二类苗麦田，应在起身初期进行追肥浇水，一般每亩追施尿素10~15kg并配施适量磷酸二铵，以满足小麦生长发育和产量提高对养分的需求。

3. 对于三类苗麦田，春季管理以促为主，早春及时中耕划锄，提高地温，促苗早发快长；追肥分2次进行，第一次在返青期结合浇水每亩追施尿素10kg左右，第二次在拔节后期结合浇水每亩追施尿素5~7kg。

4. 对于播期早、播量大，有旺长趋势的麦田，可在起身期每亩用15%多效唑可湿性粉剂30~50g或壮丰胺30~40mL，加水25~30kg均匀喷洒，或进行深中耕断根，控制旺长，预防倒伏。

5. 对于没有水浇条件的麦田,春季要趁雨每亩追施尿素 8~10kg。

(三) 预防"倒春寒"和晚霜冻害

小麦晚霜冻害频发区,小麦拔节期前后一定要密切关注天气变化,在预报有寒流来临之前,采取浇水、喷洒防冻剂等措施,预防晚霜冻害。一旦发生冻害,应及时采取浇水施肥等补救措施,一般每亩追施尿素 5~10kg,促其尽快恢复生长。

(四) 防治病虫草害

重点防治麦田草害和纹枯病,挑治麦蚜、麦蜘蛛,补治小麦全蚀病。

1. 早控草害

返青期是麦田杂草防治的有效补充时期,对冬前未能及时除草而杂草又重的麦田,此期应及时进行化除。播娘蒿、荠菜发生较重田块,每亩用 10%苯磺隆可湿性粉剂 10~15g 加水 40kg 喷雾;猪殃殃、野油菜、播娘蒿、荠菜、繁缕发生较重地块,每亩用 5.8%麦喜悬浮剂用药量为 10mL 加水喷施;对以野燕麦、看麦娘、早熟禾、黑麦草、节节麦、雀麦为主的麦田恶性禾本科杂草的除草剂品种可用 3%世玛(甲基二磺隆)30mL/亩加助剂喷雾进行防治。对猪殃殃、泽漆、繁缕等较难防除的阔叶杂草为主的田块,每亩用 20%使它隆 50~60mL 或 20%二甲四氯钠盐水剂 150mL+20%使它隆乳油 25~35mL 加水喷雾;对硬草、看麦娘等禾本科杂草和阔叶杂草混生田块,用 3%世玛(甲基二磺隆)30mL/亩加助剂+10%苯磺隆每亩用 10g 或 6.9%骠马水剂 50mL+20%溴苯腈乳油 100mL 加水喷雾。化学除草技术性很强,特别专业化统一防治要特别注意:严格掌握用药量、施药时期和用水量;小麦拔节后(进入生殖生长期,株高 13cm 时)后对药剂十分敏感,绝对禁止使用化学除草剂,以防药害;极端天气,气温过高或寒潮来临时一般不要用药;大风天气不能施药,以免药液飘移,对邻近敏感作物产生药害。

2. 小麦纹枯病

小麦起身至拔节期,气温达到10~15℃是纹枯病第二个盛发期。当发病麦田病株率达到15%,病情指数为3%~6%时,每亩用12.5%烯唑醇(禾果利)可湿性粉剂20~30g,或15%三唑酮可湿性粉剂100g,或25%丙环唑乳油30~35mL,加水50kg喷雾,隔7~10天再施1次药,连喷2~3次。注意加大水量,将药液喷洒在麦株茎基部,以提高防效。

3. 蚜虫、麦蜘蛛

麦二叉蚜在小麦返青、拔节期,麦长管蚜在扬花末期是防治的最佳时期。当苗期蚜虫百株虫量达到200头以上时,每亩可用50%抗蚜威可湿性粉剂10~15g,或10%吡虫啉可湿性粉剂20g加水喷雾进行挑治。当小麦市尺单行有麦圆蜘蛛200头或麦长腿蜘蛛100头以上时,每亩可用1.8%阿维菌素乳油8~10mL,加水40kg喷雾防治。

(五) 化学调控

在小麦返青期,用壮丰安30~40mL/亩,或多效唑40mL/亩对水喷施,可使植株矮化,抗倒伏能力增强,并能兼治小麦白粉病和提高植株对氮素的吸收利用率,提高小麦产量和籽粒蛋白质含量;在拔节初期,对有旺长趋势的麦田,用0.15%~0.3%的矮壮素溶液喷施,可有效地抑制基部节间伸长,使植株矮化,基部茎节增粗,从而防止倒伏;在小麦拔节期,也可用助壮素15~20mL,对水50~60kg叶面喷施,可抑制节间伸长,对防止小麦植株倒伏有显著效果。

三、抽穗—成熟期管理

(一) 适时浇好灌浆水

小麦生育后期如遇干旱,在小麦孕穗期或籽粒灌浆初期选择无风天气进行小水浇灌，此后一般不再灌水，尤其不能浇麦黄水，以免发生倒伏，降低品质。

（二）叶面喷肥

在小麦抽穗至灌浆期间，用尿素1kg或硫酸钾型三元复合肥加磷酸二氢钾200g对水50kg进行叶面喷洒，以补肥防早衰、防干热风危害，提高粒重，改善品质。

（三）防治病虫害

1. 抽穗至扬花期

早控条锈病、白粉病，科学预防赤霉病；重点防治麦蜘蛛。

小麦条锈病、白粉病、叶枯病：每亩可用15%三唑酮可湿性粉剂80~100g，或12.5%烯唑醇（禾果利）可湿性粉剂40~60g，或25%丙环唑乳油30~35g，或30%戊唑醇悬浮剂10~15mL，加水50kg喷雾防治，间隔7~10天再喷药1次。

小麦赤霉病：小麦抽穗扬花期若天气预报有3天以上连阴雨天气，应抓住下雨间隙期每亩可用50%多菌灵可湿性粉剂100g，或多菌灵胶悬剂、微粉剂80g加水50kg喷雾。如喷药后24小时遇雨，应及时补喷。尤其是地势低洼，土质黏重，排水不良，土壤湿度大的麦田更应注意赤霉病的防治。

麦蜘蛛：当平均每33cm行长小麦有麦蜘蛛200头时，应选择晴天中午前或15：00后无风天气，每亩用1.8%虫螨克乳油8~10mL或20%甲氰菊酯乳油30mL或40%马拉硫磷乳油30mL或1.8%阿维菌素乳油8~10mL加水50kg喷雾防治。

2. 灌浆期

灌浆期是多种病虫重发、叠发、为害高峰期，必须做到杀虫剂、杀菌剂混合施药，一喷多防，重点控制穗蚜，兼治锈病、白粉病和叶枯病。

小麦蚜虫：当穗蚜百株达500头或益害比1∶150以上时，每亩可用50%抗蚜威可湿性粉剂10~15g，或10%吡虫啉可湿性粉剂20g，或40%毒死蜱乳油50~75mL，或3%啶虫脒20mL，或4.5%高效氯氰菊酯40mL，加水50kg喷雾，也可用机动弥雾机低容量（亩用水15kg）喷防。

小麦白粉病、锈病、蚜虫等病虫混合发生区：可采用杀虫剂和杀菌剂各计各量，混合喷药，进行综合防治。每亩可用15%三唑酮可湿性粉剂100g，或12.5%烯唑醇（禾果利）可湿性粉剂40~60g，或25%丙环唑乳油30~35g，或30%戊唑醇悬浮剂10~15mL加10%吡虫啉可湿性粉剂20g，或40%毒死蜱乳油50~75mL加水50kg喷雾。上述配方中再加入磷酸二氢钾150g还可以起到补肥增产的作用，但要现配现用。

黏虫防治：当发现每平方米有3龄前黏虫15头以上时，每亩用灭幼脲1号有效成分1~2g，或灭幼脲3号有效成分3~5g喷雾防治。

（四）适时收获，预防穗发芽

在蜡熟末期至完熟初期适时收获。若收获期有降水过程，应适时抢收，天晴时及时晾晒，防止穗发芽和籽粒霉变。

第三节 小麦地膜覆盖生产技术

一、小麦地膜栽培模式

膜侧条播适宜于旱地和不保灌的水地；膜上穴播适宜于年平均降水400mm以上，7月、8月、9月3个月降水在240mm以上旱地或补充灌溉区。

二、选地整地

（1）要选择地势平坦、土层深厚、肥力中上等、土质较疏松的沟坝地、梯田地、垣面地。

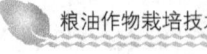粮油作物栽培技术

(2)精细整地播前15天左右施足底肥,浅耕耙耱,达到上虚下实,地面平整,做到无坷垃、无根茬、无杂草,田面平整,上虚下实,人踩上去淹鞋底而不淹鞋帮。

三、施足底肥,测土配方施肥

有机肥可结合播前整地1次深施,化肥以基肥形式,可结合覆膜播种机械条施,也可结合播前整地1次施入。要根据测土配方施肥建议卡施肥,全部底施,不再追肥。一般要求每亩施农家肥2 000~3 000kg,化肥氮磷比为1:(0.6~0.8),并增施一定量的钾肥,施肥总量比露地栽培增施肥料20%左右。

四、起垄覆膜

(一)铺膜

播种机可根据地块选用,如果地块较大、平整,要选用4轮车牵引的1次铺二膜播4行小麦的机械或四轮牵引1次铺三膜播6行小麦的机械。如果地块较小,可选用手扶或犁地机牵引的1次铺一膜播2行小麦的机械。

(二)膜侧条播

首先是起垄:按60cm一个带型,30cm起垄覆膜,30cm作为种植沟。在种植沟内距垄膜两侧5cm处各种1行小麦,小麦间距20cm。垄底宽25~30cm,高10cm左右,垄顶呈弧形,垄的条带宽度要一致。

然后是覆膜:用40cm宽地膜覆盖垄面,把地膜拉直使其紧贴垄面,再把膜两边压入垄侧土中5~100cm,隔3~4m在膜上打1个土腰带以防大风揭膜。一般选用厚0.007mm的地膜,每亩用量为3kg。

最后再播种:用机引或畜力起垄铺膜播种机。在适播期1次完成化肥深施、起垄、铺膜、播种、镇压等工序。做到下籽均

匀，深浅一致，播深 3~4cm。表墒欠缺时播深 5cm。

（三）膜上穴播

一是覆膜：选用规格为 140cm×（0.005~0.007）mm 和 75cm×（0.005~0.007）mm 的低压高密度聚乙烯地膜。每亩用量为 3~3.5kg。注意膜定要与播种机相配套。墒情合适时，随播随铺；底墒足、表墒差时，则提前 7 天左右铺膜提墒。机械铺膜和人工铺膜均可。每隔 2~3m 在膜面压一横土带，以防大风揭膜。

二是播种方法：机械覆膜播种 1 次完成，选用机引 7 行穴播机，采用幅宽 140cm 地膜，每幅膜上种 7 行，行距 20cm，穴距 10~11cm，膜间距 25cm 左右，播深 3.5~4cm。

（四）盖膜

播种的同时，若膜两边有漏风部分要用土压实，每隔 3~4m 在膜上打一土腰带，防大风揭膜。

五、选用适宜品种

宜选用分蘖力强，成穗率高，穗大粒多，丰产性好的品种。根据山西省实际情况，地膜覆盖小麦可选用长 6878、长 5608 等品种。

六、适期播种

地膜小麦播种期可比露地小麦适当推迟 5~7 天，播种期 9 月 30 日至 10 月 10 日为宜，同时，根据当时墒情和降水适当提前和推后 2~3 天。

（一）膜侧条播

应比当地露地小麦的适宜播期推迟 5 天左右。

（二）膜上穴播

应比当地露地小麦适宜播期推迟 7~10 天。

（三）地膜春小麦

可较露地小麦适宜播期提前 15~20 天。

七、播量和播深

播种量适当降低，一般每亩播种量为 7~9kg。播深以 6cm 为宜。

八、田间管理

（一）地膜保护

播种后要加强越冬期间的地膜保护，防止大风揭膜，防止人、畜踩膜。

（二）查苗补缺

出苗后及早查苗，断垄 20cm 以上，空穴 5% 以上时，及时用催芽种子进行补种；过稠的撮苗要疏苗间苗，达到苗匀。

（三）及时掏苗

对穴播因操作不当或大风鼓膜造成苗孔错位、压苗，要在小麦苗高，5cm（3 叶期）后及时人工掏苗，用手或小铁丝钩轻轻将苗掏出膜孔外，并在膜孔处压少量土封好膜孔，防风揭膜造成二次掏苗，返青期若仍有膜压苗现象，应再次放苗封孔。

（四）加强护膜

播种出苗以后，及时对破损地膜压土封口，严防人畜践踏。

（五）春季巧管

（1）春季早管。地膜小麦返青比大田早 7~10 天，所以，在膜侧麦行间顶凌耙耱，中耕保墒都要提前进行，以保返浆水。

（2）化控。地膜小麦一般比露地小麦植株增高 10cm 左右，在多雨年份应注意防止倒伏。拔节初期可用 50% 矮壮素对水 50kg 或 20% 壮丰安 25~30mL 对水 20~30kg 叶面喷洒。

（3）叶面喷肥。在拔节、孕穗、灌浆期，可叶面喷施 0.3%

磷酸二氢钾或3%尿素水溶液。

（4）要做好病虫草害防治工作。地下害虫多的地块，整地时要施入杀虫农药或药剂拌种；杂草多的田块，要在越冬前或返青起身后结合防病治虫喷施除草剂。

（六）搞好"一喷三防"工作

地膜覆盖小麦中后期发育较快，容易出现脱肥早衰，从拔节后至灌浆期，要进行喷肥、喷药，配施0.3%的磷酸二氢钾液、1%~1.5%的尿素溶液或水溶性有机肥"植物活力久久"300倍液，可防蚜虫为害、防脱肥早衰、防干热风侵袭。

（七）提早揭膜

在小麦灌浆后期，即籽粒形成后，进行提早揭膜，降低地温。

九、地膜回收

麦田揭膜后，及时将地膜回收清理，寻找变卖出路，严禁焚烧地膜或将地膜储存在地头，防止地膜挂树头、留地头，田间地膜要清理干净，防治农田污染，减少"白色污染"，确保生产安全。

在小麦籽粒蜡熟期及时进行收获，防落粒、防遇雨霉变。

第四节 小麦病虫害防治

一、小麦主要病害防治

（一）白粉病

小麦白粉病是世界性病害，在各地小麦产区均有分布。被害麦田一般减产10%左右，严重地块损失达20%~30%，个别地块甚至达到50%以上。

1. 发病条件

春季高温、寡照易发病，施氮肥较多的地块，密度大时发病严重。

2. 传播途径

病菌的分生孢子和子囊孢子借助于气流传播，而且，病菌可借助高空气流进行远距离传播。

3. 发病部位

叶片。

4. 症状

在苗期至成株期均可为害，主要为害叶片，严重时也可为害叶鞘、茎秆和穗部。病部初产生黄色小点，而后逐渐扩大为圆形的病斑，表面生一层白粉状霉层（分生孢子），霉层以后逐渐变为灰白色，最后变为浅褐色，其上生有许多黑色小点。

5. 防治方法

（1）农业防治。在白粉病菌越夏区或秋苗发病重的地区可适当晚播以减少秋苗发病率，避免播量过高，造成田间群体密度过大，控制氮肥用量，增加磷钾肥特别是磷肥用量。

（2）药剂防治。采用种子重0.03%有效成分的粉锈宁拌种；发病后每亩用25%的粉锈宁可湿性粉剂15~20g，加水50kg进行喷雾，可减少越冬期的病源，有效控制苗期病害发生。

在小麦孕穗末期至抽穗初期白粉病开始发生，用30%醚菌酯8克+施好美/能靓1号对水15kg，用量为每亩30~45kg。

（二）小麦纹枯病

小麦纹枯病对产量影响极大，一般小麦减产10%~20%，严重地块减产50%，甚至绝收。

1. 发病条件

凡冬季温暖、早春气温回升快、阴雨天多、光照不足的年份，纹枯病发生重；播种过早，田间气温高，秋苗受侵染时间长，病害越冬基数高，翌年春季返青后病势发展快、病情严重；偏施氮肥、轻施有机肥，土壤缺磷钾肥，病重。

2. 传播途径

以菌核和菌丝体在田间病残体中越夏越冬，是典型的土传病害。其有两个侵染高峰，第一个是冬前秋苗期，第二个是春季返青拔节期。

3. 发病部位

小麦纹枯病主要为害小麦根部、茎基部的茎秆、叶鞘。

4. 症状

小麦各生育期均可受害，造成烂芽、病苗死苗、花秆烂茎、倒伏、枯株白穗等多种症状。幼芽鞘染病变褐，继而腐烂成烂芽。出苗后3~4叶期，下部叶叶鞘上呈现中间灰色、边缘褐色的椭圆形病斑，严重的抽不出新叶而死苗；进入拔节期后，基部叶鞘产生中部灰白色边缘褐色的圆形、椭圆形病斑，多个病斑相连形成云纹状花秆，病斑可深入茎秆内，茎部腐烂，茎秆枯死，阻碍了养分运输而引起整株枯死，主茎和大分蘖常抽不出穗，形成"枯孕穗"。

5. 防治方法

（1）农业防治。①适期播种，避免过早播种，以减少冬前病菌侵染麦苗的机会。②合理掌握播种量。③避免过量施用氮肥，平衡施用磷、钾肥，特别是重病田要增施钾肥，增强麦株的抗病能力。④选择适应本地区的麦田除草剂，做好杂草化学防除工作。

（2）药剂防治。①种子处理。②喷雾防治，返青拔节期使用甲基保利特10g+能靓1号20mL/施好美25mL，对水15kg，均匀喷雾。也可采用每亩用药量为5%的井冈霉素水剂150mL对水60kg，也可每亩采用70%甲基硫菌灵可湿性粉剂75g对水100~150kg喷雾，均有较好的防治效果。

(三) 小麦锈病

小麦锈病主要有3种：条锈、叶锈和秆锈。3种锈病的共同特点是在被害处产生夏孢子堆，后期在病部生成黑色的冬孢子堆。三者诊断要点："条锈成行、叶锈乱、秆锈是个大红斑"。山西省小麦锈病以叶锈病较为严重。

1. 发病条件

秋冬、春夏雨水多，感病品种面积大，菌源量大，锈病就发生重。

2. 传播途径

叶锈病菌是一种转主寄生的病菌，秋苗发病后，冬季温暖地区病菌不断传播蔓延。冬小麦播种早，出苗早发病重。条锈病菌主要以夏孢子在小麦上完成周年的侵入循环，是典型的远程气传病害。秆锈病菌以夏孢子世代在小麦上完成侵染循环。春、夏季麦区秆锈病的流行几乎都是外来菌源所致，所以，田间发病都是以大面积同时发病为特征，无真正的发病中心。

3. 发病部位

叶锈病为害叶片，条锈病和秆锈病为害叶片、茎秆、叶鞘甚至穗。

4. 症状

叶锈病在叶片上产生疱疹状病斑，夏孢子堆散生在叶片的正面，呈橘红色。

条锈病发病初期在叶片上夏孢子堆鲜黄色，与叶脉平行，且排列成行，像缝纫机轧过的针脚一样，呈虚线状，后期表皮破裂，出现铁锈色粉状物。

秆锈病夏孢子堆最大，隆起高，褐黄色，不规则散生，常连接成大斑，成熟后表皮易破裂，表皮大片开裂且向外翻成唇状，散出大量锈褐色粉末。

5. 防治方法

(1) 种植抗病品种。

(2) 在秋苗易发生锈病的地区,避免过早播种,合理密植和适量适时追肥,避免过多过迟施用氮肥。

(3) 锈病发生时,多雨麦区要开沟排水,干旱麦区要及时灌水,可补充因锈病破坏叶面而蒸腾掉的大量水分,减轻产量损失。

(4) 药剂防治。小麦拔节期前后发生中心病株时,用甲基保利特喷雾防治,间隔8~10天,连续喷2次。小麦孕穗期前后发生中心病团,且发病较多时,可用甲基保利特+醚菌酯进行喷雾防治。间隔8~10天,连喷2次。防治叶锈病可选用叶锈特1 000倍液喷雾。

(四) 小麦赤霉病

小麦赤霉病别名麦穗枯、烂麦头、红麦头,是小麦的主要病害之一。小麦赤霉病主要发生在潮湿和半潮湿区域,尤其气候湿润多雨的温带地区受害严重。

1. 发病条件

地势低洼、排水不良、黏重土壤、偏施氮肥、密度大、田间郁闭发病重。迟熟、颖壳较厚、不耐肥品种发病较重。

2. 传播途径

病菌以菌丝体和子囊壳随病残体遗落在土中越冬,或以菌丝体潜伏种子内或以孢子黏附种子上越冬;小麦赤霉病是种子带菌传播或土壤传播。

3. 发病部位

幼苗、茎、秆和穗。

4. 症状

从苗期到抽穗都可受害,引起苗枯、茎基腐、秆腐和穗腐,其中,为害最严重的是穗腐。苗枯由种子或土壤病残体带菌引起,病苗芽鞘变褐腐烂,重者全苗枯死;基腐和秆腐一般苗期发生,有的在成熟期发生的。基腐初期茎基变褐软腐,以后凹缩,最后麦株枯萎死亡。秆腐茎秆组织受害后,变褐腐烂以至枯死。穗腐,小麦扬花时,在小穗和颖片上产生水浸状褐斑,后逐渐扩大至整个小穗,小穗枯黄。气候潮湿时,病斑处产生粉红色胶状霉层,后期其上产生密集的蓝黑色小颗粒即病菌子囊壳。

5. 防治方法

(1) 消灭越冬菌源。清除田间麦桩、玉米秸秆等病残体;并结合防治黑穗病等进行播前种子消毒。

(2) 选育抗病品种。

(3) 加强田间管理。因地制宜调整播期;配方施肥,增施磷钾,勿偏施氮肥;整治排灌系统,降低地下水位,防止根系早衰。

(4) 药剂防治。喷药时期是防治的关键,施药应掌握在齐穗开花期。小麦扬花初期,用醚菌酯8g+甲基保利特10g对水15kg喷雾防治,最好间隔7~15天再喷1次,或每亩用50%的多菌灵可湿性粉剂75~100g,或80%的多菌灵粉剂50g,对水50~75kg喷雾。

二、小麦主要虫害防治

(一) 麦蚜

麦蚜是小麦的重要虫害之一,其种类主要包括麦长管蚜、麦二叉蚜、禾谷缢管蚜3种。

1. 发生特点

年发生20~30代,多数地区以无翅孤蚜和若蚜在麦株根际和四周土块缝隙中越冬。在麦田春、秋两季出现2个高峰,夏天和冬季蚜量少。秋季冬麦出苗后从夏寄主上迁入麦田进行短暂的繁殖,出现小高峰,为害不重。11月中下旬后,随气温下降开始越冬。春季返青后，气温高于6℃开始繁殖，低于15℃繁殖率不高，气温高于16℃，麦苗抽穗时转移至穗部，虫田数量迅速上升，直到灌浆和乳熟期蚜量达高峰，气温高于22℃，产生大量有翅蚜，迁飞到阴凉地带越夏。5月中旬，小麦抽穗扬花，麦蚜繁殖极为迅速，至乳熟期达到高峰，对小麦为害最严重。

2. 为害部位

以成虫和若虫刺吸麦株茎、叶和嫩穗的汁液。

3. 为害症状

前期集中在叶正面或背面，后期集中在穗上刺吸汁液，导致受害株生长缓慢，分蘖减少，千粒重下降；同时，分泌的蜜露诱发煤污病的发生。还可以传播病毒。

4. 防治方法

（1）农业措施。适时集中播种。冬麦适当晚播，春麦适时早播。合理浇水。主要抓好苗期蚜虫发生初期的防治。

（2）药剂防治。冬季苗期使用农兴15mL对水15kg进行喷雾，兼治红蜘蛛；或每亩用20%菊马乳油80mL防治蚜虫，兼治灰飞虱、潜叶蝇、蝗虫等害虫。

4月上中旬，蚜虫发生初期，发现中心株时，用百佳30mL对水15kg均匀喷雾。防治穗期麦蚜，在扬花灌浆初期，百株蚜量超过500头，用百佳30mL+擂战5g或百佳30mL+农兴15mL，或农兴30mL+擂战5g对水15kg进行喷雾防治。

此外，也可每亩用抗蚜威（辟蚜雾）可湿性粉剂10～15g、10%吡虫啉可湿性粉剂20g、3%啶虫脒乳油40～50mL，上述农药品种任选1种，对水35～50kg（2～3桶水），于上午露水干后或16:00以后均匀喷雾。

（二）叶螨

麦叶螨虫主要有2种，麦圆叶爪螨和麦岩螨。麦圆叶爪螨又名麦圆蜘蛛，麦岩螨又名麦长腿蜘蛛，有些地区两者混合发生、混合为害。

1. 发生特点

麦圆叶爪螨 1 年发生 2~3 代，以成虫、若虫和卵在麦株及杂草上越冬，3 月中下旬至 4 月上旬为害重，形成 1 年中的第一高峰，10 月上中旬孵化，为害秋苗，形成 1 年中的第二高峰。喜潮湿。

麦岩螨年生 3~4 代，以成虫和卵越冬，翌春 2~3 月成虫开始繁殖，越冬卵开始孵化，4~5 月田间虫量多，5 月中下旬后成虫产卵越夏，10 月上中旬越夏卵孵化，为害秋苗，喜干旱，白天活动，以 15：00~16：00 最盛，完成一个世代需 24~46 天。多行孤雌生殖，把卵产在麦田中硬土块或小石块及秸秆或粪块上，成虫、若虫也群集，有假死性。

2. 为害部位

叶。

3. 为害症状

成虫、若虫吸食麦叶汁液，受害叶上出现细小白点，后麦叶变黄，麦株生育不良，植株矮小，严重的全株干枯。

4. 防治方法

（1）农业措施。采用轮作倒茬，合理灌溉，麦收后浅耕灭茬等降低虫源。

（2）药剂防治。可喷洒 15% 哒螨灵乳油 2 000~3 000 倍液，或 20% 绿保素（螨虫素+辛硫磷）乳油 3 000~4 000 倍液，或 36% 克螨特乳油 1 000~1 500 倍液，持效期 10~15 天。

（三）小麦吸浆虫

1. 发生特点

1 年发生 1 代，以老熟幼虫在土中结圆茧越夏、越冬，3 月上中旬越冬幼虫破茧上升到地表，4 月中下旬大量化蛹，羽化后大量产卵为害。一般情况下，雨水充沛，气温适宜常会引起该虫大发生，成虫盛发期与小麦抽穗扬花期吻合发生重，土壤团粒构造好、土质疏松、保水力强也利其发生。

2. 为害部位

花器、籽实和麦粒。

3. 为害症状

以幼虫为害，幼虫潜伏在颖壳内吸食正在灌浆的麦粒汁液，造成秕粒、空壳。小麦吸浆虫是1种毁灭性害虫。

4. 防治方法

（1）农业措施。选种抗（耐）虫品种；选用穗形紧密、内外颖缘毛长而密、麦粒皮厚、浆液不易外流的小麦品种；进行轮作，避开虫源。

（2）药剂防治。麦播时对吸浆虫常发地块，每亩可用6%林丹粉1.5~2kg拌细土20~25kg，均匀撒施地表，犁耙均匀，可兼治地下害虫。

发生严重的地块要进行蛹期防治。防治时间为小麦孕穗期4月23—28日，每亩用1.5%小麦吸浆虫绝杀1号2~3奴，均匀拌细土30kg撒于地表，撒后浇水防效好。或用50%辛硫磷乳油，每亩200~250mL加水2.5kg，拌细干土30~35kg，顺垄撒施地面。

卵期：每亩用辛硫磷颗粒剂2~2.5kg，或2%西维因粉剂2.5kg，或20%林丹粉每亩用0.5kg，拌细土25kg撒施。

成虫期：用4%敌马粉、2%西维因粉每亩用1.5~2.5kg喷粉，或50%辛硫磷乳油1 500倍液，或20%速灭杀丁乳油每亩用20mL加水50~60kg喷雾。

发生不严重的地块，一定要进行成虫期防治。防治时间在小麦抽穗期至扬花前，即5月1—10日，每亩用50%辛硫磷50g加吡虫啉20~30g加水50kg喷雾，既可防治吸浆虫成虫，又可兼治早代蚜虫。

第三章 谷 子

第一节 谷子的播种技术

一、选用良种

1. 符合良种要求

生产中所选品种必须是通过国家、省级审定的推广品种。种子质量符合我国现行的良种要求,纯度≥98%,净度≥98%,发芽率≥85%,水分<13%。

2. 适宜当地种植

所选品种熟期适宜,根据当地的热量条件、无霜期长短等确定。谷子按照生育期的长短划分为早熟类型生育期少于110天,中熟类型为111~125天,晚熟类型在125天以上。

3. 具有较高的丰产性

产量的高低是衡量一个品种好坏的重要标志之一,无论是谷子产量,还是谷草产量,都要有很好的丰产性。

4. 具有很好的稳产性

一个产量稳定性较好的品种,一方面在不同的地点、不同的年际间产量波动不大;另一方面说明该品种的适应性广泛。

5. 较好的品质

谷子的品质包括营养品质和食味品质。营养品质:主要包括蛋白质、脂肪、淀粉、维生素和矿物质等;食味品质:主要指色泽、气味、食味、硬度等。谷子脱壳后成为小米，小米的直链淀粉含量、糊化温度和胶稠度三因素决定了谷子的食味品质。而直链淀粉含量与小米饭的柔软性、香味、色泽、光泽有关；糊化温度的高低与蒸煮米饭的时间及用水量成正比；胶稠度与适口性成正相关。除此而外，谷子的品种、收获期的早晚以及光、温、水、气、土壤、肥料的变化都会影响食味品质，其中，蛋白质、脂肪含量在干旱条件下比水分充足时高，脂肪含量和总淀粉含量随施肥量增加而减少。当前优质小杂粮具有较好的前景，要尽可能选用优质谷子品种。

6. 具有较强的抗逆性

所选品种能抵抗或耐受当地的主要病害，对当地经常发生的自然灾害，如干旱、低温等具有较强的抗逆性。

二、处理种子

（一）晒种

播前进行暴晒，增强胚的生活力，消灭病虫害，提高发芽率。

（二）药剂拌种

播前用35%瑞毒霉（甲霜灵）或40%拌种双可湿性粉剂拌种，防白发病、黑穗病。

（三）使用包衣种子

促进出苗，提高成苗率，防治苗期病虫害。

三、准备土壤

（一）谷子生长对土壤的要求

谷子耐瘠，抗旱，能比较经济地利用水分和养分，对土壤要求不严，虽然在其他作物不能很好生长的瘠薄旱坡地上，能正常生长有一定的产量，但高产的谷子仍需要土层深厚，结构良好，富含有机质，质地疏松的中性到微酸性的沙壤土或黏壤土上种植，不宜在低洼地和盐碱地上种植。谷子喜干燥、怕涝。

(二) 轮作（倒茬）

谷子最忌连作，农谚"谷上谷，气得哭"，就是指谷子不能重茬，谷子重茬有三大害处：一是病虫害如谷子白发病、黑穗病较多；二是谷莠子增多，草荒严重；三是会大量消耗土壤中的同一元素，造成营养缺乏，形成"竭地"而产量下降。"倒茬如上粪"轮作倒茬可充分调节土壤中的营养元素，消除或减少病虫害，抑制或消灭杂草，调节土壤肥力。

因此，种谷子必须年年调换茬口，"豆茬谷，享大福"，所以，豆类、薯类、玉米、小麦是谷子最好的茬口。

(三) 土壤耕作整地

"秋天谷田划破皮，赛过春天犁出泥。"秋深耕是谷子保蓄雨雪水的重要措施。春谷多种植在旱地上，谷子播种出苗需要的水分主要来自上一年夏秋降水的保蓄，山西省冬春降水降雪很少，十年九春旱，所以，秋季深耕是保蓄夏秋降水的最重要措施。春季整地以保墒为主。

四、确定播种期

"早种一把糠，晚种一把米"，说明谷子播种期的选择非常重要。适期播种，是谷子高产稳产的重要措施。确定适宜的播种期，必须根据谷子品种的生长发育特性和当地自然气候规律，使谷子生育期能充分利用自然条件（气温、光照、降水等），使谷子的需水规律与当地的自然降水规律一致。苗期处在干旱少雨季节，利于根系生长；拔节期在雨季来临初期，利于穗分化；孕穗期在雨季中期，防止"胎里旱"；抽穗期在雨季高峰期，防"卡脖旱"，达到穗大花多；开花灌浆期在雨季之后，光照足，昼夜温差大，有利于灌浆，籽粒饱满；成熟期在霜冻之前。

谷子种子发芽的最低温度是 6~7℃，以 15~25℃ 发芽最快，所以，当田间 10cm+层温度达 10℃ 时即可播种。

五、适时播种

(一) 播种方法

播种方法因耕作制度和播种工具而异，分为耧播、机播。

(1) 耧播。主要用于露地种植，耧播下籽均匀，覆土深浅一致，开沟不翻土，跑墒少，在墒情较差时有利于保全苗，省工方便。行距以 20~40cm 为宜。

(2) 机播。适宜在地势较平坦，土地面积较大的地块。机播具有下籽均匀，工效高，出苗齐、匀的特点。机播法可将开沟、施肥、下种、覆土镇压 1 次完成，省工、省时，利于培育壮苗，缩短播期，保证适期质量。

(二) 合理密植

1. 谷子的产量构成

谷子单位面积产量的高低，决定于每单位面积穗数、每穗粒数和粒重 3 个因素的乘积。在产量形成的 3 个因素中，单位面积穗数和每穗粒数起主导作用，粒重比较稳定。谷子少分蘖或分蘖多数不能成穗，单位面积穗数主要由留苗密度决定。这样，每穗粒数就成为决定产量高低的主要因素。

据试验研究表明，谷子穗粒数是从拔节到抽穗后的 41 天形成的，并且穗粒数和穗粒重的形成是同步的。谷子穗粒数的形成和秕粒的形成有两个关键期。一是抽穗前 8 天到抽穗期，此期是谷子小花分化到花粉母细胞减数分裂时期，环境条件不良直接会影响到花粉粒的形成及其生活力，形成大量秕粒，造成减产；二是抽穗后 20~34 天，此期正是谷子灌浆高峰期，水分、养分供应不足就会影响灌浆，粒重下降。

2. 种植密度

谷子种植密度与品种特性、气候条件、土壤肥力、播种早晚和留苗方式等因素有关，一般晚熟品种生育期长，宜稀，早熟品种生育期短，宜密；分蘖强的品种，宜稀，分蘖弱品种宜密；春谷品种宜稀，夏谷品种宜密；在土壤肥力较高，水肥充足地块宜密，干旱瘠地宜稀。

3. 播种量

谷籽太小，顶土力弱。"稀不长，稠全上"，说的是谷子出苗依靠群体力量顶出地面。

（三）播种深度

谷粒小，覆土宜浅。播种过深，幼苗出土慢，芽鞘细长，生长瘦弱，或在土中"卷黄"，不利于培育壮苗，而且幼芽易受病虫侵染。播种过浅，表土水分蒸发不能满足发芽需要，出不了苗。

（四）施用种肥

谷粒小，胚乳中储藏的养分较少，只能供发芽出苗后短期生长，而幼苗又较弱小，根系少，吸收能力较弱，施用少量速效氮肥做种肥就可及时满足其需要。种肥的作用甚至可延续到籽粒灌浆期，使灌浆过程加快，增加穗数，减少粒数。

（五）播后镇压

播后镇压是谷子保苗的一项重要措施。"谷子不发芽，猛使砘子砸""播后砘三砘，无雨垄也青。"谷子比一般作物播种晚，又籽粒小，播种浅，而谷子产区春季干旱多风，播种层容易风干；有时整地质量不好，土中有坷垃、大孔隙，播种后谷粒不能与土壤紧密接触，对出苗不利。镇压既可减少干土层的厚度，提墒保墒，又使种子与土壤紧密接触，有利于吸水、发芽和出苗。

第二节 谷子的田间管理

一、苗期管理

苗期管理的中心任务是在保证全苗的基础上促进根系发育，培育壮苗。壮苗的标准是根系发育好、幼苗短粗茁壮、苗色浓绿、全田一致。苗期管理的主要措施如下。

（一）保全苗

"见苗一半收"，所以，要采取各种措施保全苗。主要措施如下。

（1）秋冬深耕蓄墒，冬春耙糖保墒，播前镇压提墒（三墒整地），搞好秋雨春用，满足谷子发芽出苗对水分的要求，以保全苗。

（2）秋冬未蓄墒，春季干旱无雨，出苗困难，采取抗旱播种技术，争取全苗。

（3）防"卷死""悬死""烧尖""灌耳"。出苗前土壤干旱镇压，可增加耕层土壤含水量，有利于种子萌发和出土。播后遇雨，出苗前镇压，可破除土壤板结，防止"卷死"。出苗后镇压，可以破碎坷垃，使土壤紧实，防止"悬苗"。由于镇压提高表层土壤含水量，使土温上升慢，可以防"烧尖"。低洼地防止小苗"灌耳""游心"。做好排水准备，灌后要及时镇压，也可减轻为害。

（4）查苗补苗。出苗后发现缺苗断垄时，可用催过芽的种子进行补种。来不及补种或补种后仍有缺苗时，可结合间苗进行移栽补苗。移栽谷苗以发出白色新根易于成活。为促使谷苗发出新根，可将间下的谷苗捆束，将根在水中浸一夜发出新根，移栽成活率很高。移栽时在需补苗的地方开浅沟，浇满水，将谷苗浅插湿泥中。再撒上一层细土，以防板结。据试验表明，移栽谷苗以五叶期最易成活。此外，还可通过中耕用土稳苗防止风害伤苗；早疏苗、晚定苗，播前防治地下害虫，及时防治苗期虫害，减少幼苗损伤来保全苗。

（二）间苗、定苗

谷籽粒小，出苗数为留苗数的几倍以至十几倍。谷子又多系条播，出苗后谷苗密集在一条线上，相当拥挤，互相争光、争水、争肥，尤其是争光的矛盾尤为严重。如不及时疏间，往往引起苗荒、草荒，影响根系发育形成弱苗，后期容易倒伏又不抗旱。因此，要及早间苗。农谚有"谷间寸，顶上粪"，说明早间苗效果好，对培育壮苗十分重要。早间苗能改善幼苗生态环境，特别是光照条件；能促进植株新陈代谢，生理活动旺盛，有机物质积累多，因而根系发达，幼苗健壮，为后期壮株大穗打下基础，是谷子增产的重要措施。综合各地试验，间苗越晚，减产幅度越大。早间苗一般可增产10%~30%。据试验表明，谷子以4~5片叶间苗、6~7片叶定苗为宜。间苗时，要留大不留小、留强不留弱、留壮不留病、留谷不留莠。

（三）蹲苗

蹲苗就是通过一系列的促控技术促进根系生长，控制地上部生长，使幼苗粗壮敦实。蹲苗应在早间苗、早中耕、施种肥、防治病虫害的基础上，采取下列措施。

1. 压青砘

谷苗2~3片叶时午后进行。幼苗经过砘压之后，有效地控制地上部生长，使谷苗茎基部变粗，促使早扎根、快扎根，提高根量和吸水能力，且能防止后期倒伏。据河北省农业作物研究所1973年试验，压青后1~3节间比对照显著变短，茎高比对照矮4.7~9.1cm。

2. 适当推迟第一次水肥管理时间

谷子出苗后，土壤干旱、谷苗根系伸长缓慢，只要底墒好，就能不断把根系引向深处，有利于形成粗壮而强大的根系。因此，应在土壤上层缺墒，而有底墒的情况下蹲苗。控上促下，培育壮苗。谷子出苗后，适当控制地表水分，即使有灌溉条件，苗期也不灌溉。一般情况下，第一次水肥管理可以在穗分化开始时进行，如果土壤水肥好，幼苗生长正常，可推迟到幼穗一级枝梗开始分化时进行。在此期间．如果中午叶片变灰绿色，发生卷曲，在16:00前又可恢复正常的，控水可继续下去。如果上午叶片卷曲，到16:00前还不能恢复正常的，应及时浇水。

3. 深中耕

谷子苗期如果土壤湿度大、温度高，则应进行深中耕。苗期深中耕可以促进根系的发育，减缓地上部生长，并使茎秆粗壮，利于培育壮苗。

4. 喷施磷酸二氢钾、矮壮素

拔节喷施磷酸二氢钾，幼苗健壮，叶色黑绿，根量增多，有明显的壮秆壮穗效果。喷施矮壮素，也可缩短茎基部节间，延缓地上生长，使谷苗健壮。

（四）中耕锄草

谷子幼苗生长缓慢，易受杂草为害，应及时中耕除草。谷子第一次中耕，一般结合间苗或在定苗后进行。这次中耕兼有松土、除草双重作用，而且还能增温保墒，促进谷子根系生长并深扎。中耕应掌握浅锄、细锄，破碎土块，围止幼苗技术，做到除草务净、深浅一致，防止伤苗压苗。

谷子苗期杂草多时，可用化学药剂除草，既提高工效，又能节省劳力，增产效果显著。据黑龙江省药剂除草经验，以2,4-D丁酯除草应用较为普遍，除草效果好。用药量和喷药时间得当，防除宽叶杂草效果可达90%以上。防治时间宜在4~5叶期，药量每亩用72%2,4-D丁酯34~52g。用背负式喷雾器每亩对水30~50kg,机引喷雾器每亩对水25kg左右喷洒。

谷莠草是谷子的伴生性杂草,苗期与谷子形态相似,不易识别,很难拔除。近几年在东北地区试验,用选择性杀草剂扑灭津杀除效果很好。50%可湿性粉剂的扑灭津每亩0.2~0.4kg,在播种后出苗前喷雾处理土壤,杀灭效果可达80%以上。此外,良种种植几年后谷莠子苗色与谷苗一样,更换不同苗色的另一良种,间苗时,可根据苗色将谷莠子全部拔除。

二、拔节抽穗期管理

谷子拔节到抽穗是生长和发育最旺盛时期,要加强田间管理。田间管理的主攻方向是攻壮株、促大穗。拔节期壮株长相是秆扁圆、叶宽挺、色黑绿、生长整齐。抽穗时秆圆粗敦实、顶叶宽厚、色黑绿、抽穗整齐。管理主要措施如下。

(一) 清垄

拔节后谷子生长发育加快,为了减少养分、水分不必要的消耗,为谷子生长发育创造一个良好的环境,要认真进行1次清垄,彻底拔除杂草,残、弱、病、虫株等,使谷田生长整齐,苗脚清爽,通风透光,有利谷苗生长。

(二) 追肥

谷子拔节以前需肥较少,拔节以后,植株进入旺盛生长期,幼穗开始分化,拔节到抽穗阶段需肥最多,然而这时土壤养分的供给能力最低。据黑龙江省嫩江地区农科所试验,土壤养分从谷子生育的初期开始逐渐减少,拔节以后的孕穗期到抽穗阶段最低,远不能满足谷子要求。施入农家肥经分解后才能供应吸收,这时即使转化一部分,也赶不上需要。因此,必须及时补充一定数量的营养元素,对谷子生长及产量形成具有极其重要的意义。

磷肥一般做底肥,不做追肥。钾肥就目前生产水平,土壤一

第三章 谷子

般能满足需要，无须再行补充。追施氮素化肥能显著增产。河北省承德地区农科所在旱地上试验，首先每亩施纯氮 3kg，以尿素作追肥效果最好，11 个点平均增产 58.9%；其次是硝酸铵、氯化铵，增产效果在 43.8%~48.1%；再次是氨水、硫酸铵、碳酸氢铵，增产 34.1%~37.5%；石灰氮效果最差，不适于做追肥。速效农家肥如腐熟的人粪尿素含氮较多的完全肥料，都可做追肥施用。

谷子追肥量要适当。过少增产作用小，但过多，不但不能充分发挥肥效，经济效果也不好，而且导致倒伏，病虫害蔓延，贪青晚熟，以致减产。从各地试验结果看，1 次追肥每亩用量以纯氮 5kg 左右为宜。据河北省承德地区农科所试验，以硫酸铵做追肥，在中等肥力的土地上，每亩施用 20~30kg 产量最高。如果是硝酸铵每亩不宜超过 20kg。为做到科学追肥，应根据产量指标、土壤中速效养分含量、底施有机肥中有效元素含量及肥料当地当年利用率估算，不足部分追肥补足。据试验表明，穗分化前期追肥，主要是供应枝梗分化时对养分的要求，使分枝增多、小穗增多。穗分化后期追肥，促进小花发育，减少枇籽、空壳，增加饱满粒数。所以，拔节后穗分化开始到抽穗前孕穗期都是追肥适期。从各地试验看，若氮素肥料较少，一次追肥，增产作用最大时期是抽穗前 15~20 天的孕穗期。同样肥料，孕穗追效果好于拔节期追。但在瘠薄地或高寒地区要提前些。若氮素肥料较多，最好两次追肥。第一次于拔节始期，称为"坐胎肥"，第二次在孕穗期，称"攻籽肥"，但最迟必须在抽穗前 10 天施入，以免贪青晚熟。各地试验分期追比 1 次追效果更好。据试验，同样数量氮肥，分期追比集中在拔节始期 1 次追的增产 5.9%~22.6%，也比孕穗期 1 次追的增产 11.3%。分期追肥时，在肥地或豆茬地上，第一次少追、第二次多追效果好，但后 1 次也不宜过量，如广灵南房基点在高肥地试验，拔节始期 5kg，孕穗期追

10kg，比各追 7.5kg 增产 12.9%。在旱薄地或苗情较差的地块或无霜期短的地区或早熟品种则初次要多追，以不使苗狂长为度，后期少追，促进前期生长，实现穗大穗齐。山西省应县在低肥地上试验，第一次多追、第二次少追，比第一次少追、第二次多追的增产 16.7%。

追肥宜用耧顺垄施入，既防止烧苗，又提高工效。为了发挥氮素的最大增产作用，追肥时要看天、看地、看谷苗。看天：因肥料溶于水才能吸收，在旱地上，应摸清当地降水规律，或根据天气预报，力争雨前甚至冒雨追施。一般应适时早追，以便使谷子能够比较及时地充分利用肥料，宁让肥等水，不要水等肥。涝年土壤水分多，肥地易徒长，要适当控制施肥量。一般风天不要撒施，以免施得不匀或烧苗。看地：即看土质土性。黏土、背阴、下湿等秋发地，不发小苗应早追施，促苗早发；相反，沙性土、向阳的春发地，发小不发老，可略晚追肥。薄地多追，肥地少追。看苗：谷苗缺氮时要及时早追肥，弱苗要早追、多追，生长过旺要迟追或少追甚至不追。一般追肥后结合中耕埋入土中或追后浇水，以提高肥效。易挥发性的肥料，一定要深施。

（三）浇水

旱地谷通过适期播种赶雨季，满足谷子对水分的要求，水地谷除利用自然降水外，根据谷子需水规律，对土壤水分进行适当调节，以利谷子生长。谷子拔节后，进入营养生长和生殖生长阶段，生长旺盛，对水分要求迅速增加，需水量多，如缺水，造成"胎里旱"，所以，拔节期浇 1 次大水，既促进茎叶生长，又促进幼穗分化，植株强壮，穗大粒多。孕穗抽穗阶段，出叶速度快，节间伸长迅速，幼穗发育正处于小穗原基分化到花粉母细胞四分体形成时期，对水分要求极为迫切，为谷子需水临界期，如遇干旱造成"卡脖旱"，穗抽不出来，出现大量空壳、秕籽，对产量影响极大。因此，抽穗前即使不干旱也要及时浇水。据试验表明，抽穗前浇水可增产69.3%。据报道，谷子一生灌三水，即拔节、孕穗、抽穗期各灌一水效果最好。比不灌的增产89.5%，比灌2次和1次的分别增产67.3%和20.2%。如果灌水1次，以抽穗期灌水效果最好，比不灌的增产26.4%，其次是孕穗期灌水，增产12.3%，拔节期灌增产12%。如灌两水，以孕穗、抽穗期各灌1次效果最好。比不灌水的增产74.3%而拔节和抽穗期各灌一水的增产60.3%。旱地谷没有灌溉条件，抽穗前进行根外喷水，用水量少，增产显著。

（四）中耕除草

谷子拔节后，气温升高，雨水增多，杂草滋生，谷子也进入生长旺盛期，此时在清垄的基础上，结合追肥和浇水进行深中耕，深度7~8cm。深中耕可松土通气，促进土壤微生物活动，加速土壤有机质分解，充分接纳雨水，消灭杂草，有利于根系生长，而且可以拉断部分老根，促进新根生长，从而起到促控作用，既控制地上部茎基部茎节伸长，又促进根系发育。陕西省渭南地区农民称这次中耕是"挖瘦根，长肥根""断浮根，扎深根"，有利吸水吸肥、增强后期抗倒抗旱能力。据河南省南乐县前平邑大队试验，深锄6.7cm的比3.7cm的增产10.9%。谷子在孕穗期结合追肥浇水进行第三次中耕，这次中耕不宜过深，以免伤根过多，影响生长发育。一般5cm左右为宜。除松土除草外，同时，进行高培土，促进气生根生长，增加须根，增强吸收水肥能力，防止后期倒伏，提高粒重，减少秕粒，又便于排灌。

三、抽穗成熟期管理

田间管理的主攻方向是攻籽粒，重点是防止叶片早衰，延长叶片功能期，促进光合产物向穗部籽粒运转积累，减少秕籽，提高粒重，及时成熟。具体措施如下。

(一)浇攻籽水

高温干旱谷子开花授粉不良,影响受精作用,容易形成空壳,降低结实率。灌浆成熟期干旱造成"夹秋旱",抑制光合作用正常进行,阻碍体内物质运转,易形成秕粒,影响产量。因此,有灌溉条件的应进行轻浇或隔行浇,有利于开花授粉,受精,促进灌浆,提高粒重。灌浆期干旱又无灌溉条件可在谷穗上喷水,也可增产。如河南省孟县1972年在谷穗上喷水2~3次,增产20%~30%。灌水时注意低温不浇、风天不浇,避免降低地温和倒伏。

(二)根外追肥

谷子后期根系生活力减弱,如果缺肥,进行根外喷施。谷子后期叶面积喷施磷肥、氮肥和微肥,可促进谷子开花、结实和籽粒灌浆,能提高产量。河北省张家口地区农科所于抽穗开花期喷施磷酸二氢钾稀溶液,增产36.5%(包括天旱喷水因素在内)。山西省农科院谷子所多点试验,喷施磷酸二氢钾增产6.59%~10.64%。其方法有:每500g磷酸二氢钾加水400~1 000kg,每亩喷75kg左右。2%尿素+0.2%磷酸二氢钾+0.2%硼酸溶液,每亩40~50kg。400倍液磷酸二氢钾溶液每亩100~150kg。200~300倍过磷酸钙溶液,每亩150~200kg,于开花灌浆期叶面喷施。山西省农科院作物遗传所于抽穗灌浆期喷微量元素硼,15个点平均增产110.7%。其方法是:每亩30g硼酸溶于100kg水中,抽穗始期与灌浆前各喷1次。

(三)浅中耕

谷子生育后期,若草多,浇水或雨后土壤板结,必须浅中耕。

(四)防涝、防"腾伤"、防倒

谷子开花后,根系生活力逐渐减弱,最怕雨涝积水,通气不良,影响吸收。因此,雨后要及时排出积水,浅中耕松土,改善土壤通气条件，有利根部呼吸。谷子灌浆期，土壤水分多，田间温度高、湿度大，通风透光不良。易发生"腾伤"，即茎叶骤然萎蔫逐渐呈灰白色干枯状，灌浆停止，有时还感染病害，造成谷子严重减产。为防止"腾伤"，适当放宽行距或采用宽窄行种植，改善田间通风透光条件。高培土以利行间通风和排涝。后期浇水在下午或晚上进行。在可能发生"腾伤"时，及时浅锄散墒，促进根系呼吸等。谷子进入灌浆期穗部逐渐加重．如根系发育不良，雨后土壤疏松，刮风即易根部倒伏。谷子倒伏后，茎叶互相堆压和遮阴，直接影响光合作用的正常进行，而呼吸作用则加强，干物质积累少、消耗多，不利于灌浆，秕籽率增高，严重影响产量。所以，农谚有"谷子倒了一把糠"的说法。为防止倒伏，要采取一系列措施防止倒伏，如选用高产抗倒抗病虫品种，播后要三砘，及时间定苗，蹲好苗，合理密植、施肥，科学用水，深中耕、高培土等。

第三节 无公害谷子栽培技术

一、轮作倒茬和选地整地

谷子必须合理轮作倒茬，最好相隔 2~3 年。前茬以豆类最好。选择 pH 值在 7 左右的壤土，谷籽粒小，要求精细整地，"不怕谷粒小，就怕坷垃咬"，说明精细整地的重要性。

（一）春播

前茬作物收获后，及时进行秋翻，秋翻深度一般在 20~25cm，要求深浅一致、平整严实、不漏耕。底肥可随秋翻施入。早春耙耢，使土壤疏松，达到上平下碎。

（二）夏播

前茬作物收获后，有条件的可以进行浅耕或浅松，抢茬的可以贴茬播种。

二、播种

选用豫谷 18 等优质、高产、多抗新品种，也可引种山东省、河北省南部推广品种。购买谷种时不盲目相信广告和传言。

种子质量：种子发芽率不低于 85%，纯度不低于 97%，净度不低于 98%，含水率不高于 13%。

种子处理：播前 10 天内，晒种 1~2 天，提高种子发芽率和发芽势。用 10% 盐水进行种子精选，去除秕粒和杂质。清水洗净后，晾干。

精量播种：

（一）播期

春播：10cm 地温稳定在 10℃ 以上就可以播种。但也不宜过早，避免谷子病害发病严重。一般在 5 月上旬开始播种。夏播：前茬收获后应抢时播种，越早越好。争取 6 月底前完成播种。

（二）播量

建议使用精播机播种，亩用种量 0.4~0.6kg。墒情好的春白地 0.4kg 左右，贴茬播种 0.5~0.6kg。播种做到深浅一致，覆土均匀，覆土 2~3cm，适墒镇压。

（三）种植方式

行距 40~50cm，株距 3~4cm，每亩留苗 4 万~5 万株。

三、田间管理

（一）间苗、定苗

俗话说"谷间寸、顶上粪"，说明早间苗的重要，4~5 叶间苗、6~7 叶定苗，提倡单株留苗或小撮留苗（3~5 株），撮间距 15~20cm。中耕后进行 1 次"清垄"，拔去谷莠子、病株、杂株等。

(二) 化学除草

每亩用44%谷友可湿性粉剂80~120g，对水50kg，播后苗前土壤喷雾，防除阔叶和禾本科杂草。

(三) 中耕管理

幼苗期结合间定苗中耕除草。拔节后，细清垄，进行第二次深中耕，将杂草、病苗、弱苗清除，并高培土。孕穗中期进行第三次浅锄，做到"头遍浅，二遍深，三遍不伤根"。

(四) 水管理

全生育期谷子对水分需求量在130~300m^3/亩，平均为200多m^3/亩。拔节期、抽穗期如发生干旱应及时灌水，灌浆期如发生干旱应隔垄轻灌。

(五) 肥管理

(1) 施肥量。亩施腐熟的优质有机肥1 500 kg以上，施磷酸二铵10kg左右、尿素10~15kg、硫酸钾3~5kg。

(2) 施肥方法。磷酸二铵和硫酸钾全部用做底肥，尿素1/2做种肥，1/2做追肥，追肥时间为孕穗期中期。

(六) 病虫害防治

1. 谷瘟病

发病初期用40%克瘟散乳油500~800倍液喷雾，每亩用量75~100kg；或用春雷霉素80万单位喷雾，每亩75~100kg。

2. 白发病

用35%的甲霜灵（瑞毒霉）可湿性粉剂按种子重量的0.3%拌种。

3. 黏虫

用高效、低毒、低残留的菊酯类农药，对水常规喷雾。

4. 玉米螟

播种后1个月左右（孕穗初期）用高效、低毒、低残留的菊酯类农药，对水常规喷雾。

5. 地下害虫防治

50%辛硫磷乳油按种子量0.2%用量拌种或浸种，或用50%辛硫磷乳油按1L加75kg麦麸（或煮半熟的玉米面）的比例，拌匀后闷5小时，晾晒干，播种时施入播种沟内。

四、谷子收获

谷子以蜡熟末期或完熟初期收获最好，收获割下的谷穗要及时进行摊晒防止发芽、霉变。大片地块推荐施用谷子联合收割机收获。

第四节　谷子病虫害防治

一、谷子主要病害防治

（一）白发病

1. 发病条件

病原菌以卵孢子混杂在土壤中、粪肥里或黏附在种子表面越冬。卵孢子在土壤中可存活2~3年。用混有病株的谷草饲喂牲畜，排出的粪便中仍有多数存活的卵孢子。

2. 传播途径

土壤带菌是主要越冬菌源，其次是带菌厩肥和带菌种子。

3. 发病部位

叶、穗。

4. 症状

白发病是系统性侵染病害，从谷子出苗到抽穗的不同时期表现不同症状，如灰背、白尖、白发、看谷老等。

（1）灰背。谷苗3~4片叶时，病叶肥厚，叶正面黄白色条纹。田间湿度大时，叶背面密布灰白色霉层，称为"灰背"。

(2) 白尖和枪杆。当叶片出现灰背后，叶片干枯，但心叶仍能继续抽出，只是心叶抽出后不能正常展开，而是呈卷筒状直立，呈黄白色——白尖，以后逐渐变褐色枪杆状。

(3) 白发。变褐色的心叶受病菌为害，叶肉部分被破坏成黄褐色粉末，仅留维管束组织呈丝状，植株死亡。

(4) 看谷老。部分病株发展迟缓，能抽穗，或抽半穗，但穗变形，小穗受刺激呈小叶状，整个穗子像刺猬头，故又称刺猬头，不结籽粒，内里有大量黄褐色粉末。

5. 防治方法

(1) 土壤处理。每亩用40%敌克松0.25覆加细干土15kg，播种时一同播下。

(2) 合理轮作。由于致病菌的寄主范围较窄，实行3年以上的轮作。

(3) 拔除病株。在田间及时拔除病株，减少菌源，早期，即灰背阶段到白尖期一旦发现，连续拔除，一旦形成白发，卵孢子散落即无作用。

(4) 药剂处理。用35%瑞毒霉按种子量的0.3%或用35%阿普隆按种子量的0.27%拌种，拌种时先用种子量的1%的清水拌湿种子，再加药拌匀。也可用40%萎锈灵粉剂按种子量的0.7%拌种。

(二) 谷瘟病

谷瘟病是谷子重要病害，在各个生育阶段均可发病。

1. 发病条件

谷子生长期间，高湿、多雨、寡照天气有利于谷瘟病发生。山西省7—8月为降水集中阶段，发病严重。

2. 传播途径

带菌种子和病株残体是初侵染菌源。

3. 发病部位

主要在叶片、叶鞘、穗颈、小穗柄及籽粒上为害,其中叶片和穗为害最大。

4. 症状

苗期发病在叶片和叶鞘上形成褐色小病斑,严重时叶片枯黄。拔节严重发生时,4~5节病斑密集,互相会合,叶片枯死。穗部主要侵害小穗柄和穗主轴,病部灰褐色,小穗随之变白枯死,引起"死码子"。严重时半穗或全穗枯死。

5. 防治方法

(1) 选用抗病品种。选择适宜的抗病品种。

(2) 种子处理。用55~57℃温水浸种10分钟,取出后放入冷水中翻动2~3分钟,晾干播种。或用70%甲基托布津可湿性粉剂0.5kg,或50%多菌灵可湿性粉剂0.2kg拌种100kg。可兼治谷子黑穗等其他病害。

(3) 轮作。可与大豆、小麦等轮作。

(4) 药剂防治。在7—8月谷瘟病易发生期防治,常用药剂有:50%多菌灵、70%甲基托布津、70%代森锰锌500~800倍液喷雾,隔7天再喷1次。

(三) 粒黑穗病

1. 发病条件

粒黑穗病是真菌引起的病害,病菌黏附在种子表面越冬。病菌厚垣孢子存活力很强,在室内干燥条件下可存活10年以上。

2. 传播途径

粒黑穗病主要由种子带菌传播,土壤也传播。

3. 发病部位

穗部。

4. 症状

粒黑穗病是芽期侵入的病害,为系统病害。病穗抽穗较晚,病穗短小，常直立不下垂，呈灰绿色，一般全穗受害，也有部分籽粒受害，病籽稍大，外有灰白色薄膜包被，坚硬，内充满黑褐色粉末即病菌的厚垣孢子。

5. **防治方法**

（1）选用抗病品种抗病品种较多，如晋谷 36、大同 29 等。

（2）建立无病留种田使用无病种子。

（3）轮作实行 3~4 年的轮作。

（4）种子处理用 50%福美双可湿性粉，或 50%多菌灵可湿性粉，按种子重量的 0.3%拌种，或用 40%拌种双可湿性粉以 0.1%~0.3%剂量拌种，粉锈宁以 0.3%剂量拌种效果也很好。

（四）叶锈病

1. **发病条件**

高温多雨有利于病害发生。7—8 月降水多，发病重。氮肥过多，密度过大发病重。

2. **传播途径**

以夏孢子和冬孢子越冬、越夏，成为初侵染源，病菌借气流传播。

3. **发病部位**

主要是叶片，其次是叶鞘。

4. **症状**

侵染初期发病部位为长圆形黄褐色隆起小点，破裂，散出红褐色粉末（病菌夏孢子）。严重时叶片布满病斑，以致枯死。后期黑色病斑出现，圆形或长圆形，最后露出黑色粉末，在病斑以叶鞘上较多。

5. **防治方法**

（1）选用抗病品种。可选晋谷 21、大同 29 等谷子品种。

（2）拔除病株。清除田间病残体，适期早播避病，不宜过密。

(3) 药剂防治。用波美度 0.4~0.5 石硫合剂喷雾，或用 65%代森锌可湿性粉剂 700~1 000 倍液喷雾或与磷酸二氢钾混合喷雾。

(五) 粟鳞斑叶甲（粟灰褐叶甲）

粟鳞斑叶甲别名"土蛋蛋"。

1. 发生特点

幼虫、成虫均为害，有假死性。潜于地表，是为害谷子的主要害虫。一般在 4—5 月为害谷苗，10 月后成虫在土块下、土缝里、烂叶下面和杂草的根际越冬。故耕作粗放、杂草多的地块、干旱少雨年份发生严重，一般坡地重于平地，旱地重于灌地，沙壤地重于黏土地。

2. 为害部位

谷子幼茎、芽。

3. 为害症状

主要以成虫在谷子出土时咬食嫩芽顶心和茎基部，称"咬白"，出苗后"咬青"，幼苗叶片出现白点。造成缺苗断垄，严重时全田毁种。

4. 防治方法

(1) 播种深度适宜，出苗前压青，促苗早发。

(2) 清除杂草。精耕细作，蓄水保墒。

(3) 适时早播。虫害较重地块，避过幼虫的主要为害期。

(4) 拌种。播前用 50%辛硫磷乳油以种子重量的 0.3%的药剂拌种，晾干后再播种。

(5) 药剂防治。幼苗出土到 3 叶期用 10%吡虫啉可湿性粉剂 1 000~1 500 倍液喷雾。

二、谷子主要虫害防治

（一）粟茎跳甲

粟茎跳甲俗称"地蹦子""地格蛋"。

1. 发生特点

幼虫及成虫为害幼苗，在6月中旬至7月上旬为害严重，一般春谷早播重于迟播，重茬谷比轮作田重，荒草丛生田受害重，干旱少雨年份发生严重。

2. 为害部位

幼苗嫩茎。

3. 为害症状

幼虫钻蛀幼苗基部蛀食，使心叶干枯死亡，形成枯心苗。成虫白天活动，善跳会飞，取食叶片的叶肉，咬成白色条纹，严重造成缺苗断垄，甚至毁种。幼虫孵化后从苗茎基部蛀入，3天后使心叶卷扭渐变干枯。在谷苗高6.5~30cm时，大部枯心苗是由粟茎跳甲造成。

4. 防治方法

关键在成虫入土后，幼虫还没有钻入茎之前防治，效果好。

（1）合理轮作，避免重茬，适时晚播，错过成虫发生盛期以减轻为害。

（2）谷子间苗和定苗前后，用10%吡虫啉可湿性粉剂1 000~1 500倍液喷雾，也可在谷子"仰脸"时用2.5%溴氰菊酯1 500~2 000倍液喷雾。

（二）粟灰螟

粟灰螟，也称谷子钻心虫。

1. 发生特点

以老熟幼虫在谷茬内或谷草、玉米茬及玉米秆里越冬，常和玉米螟混合发生为害谷子。幼虫于5月下旬化蛹，6月初羽化，

6月中旬为成虫盛发期,随后进入产卵盛期。

2. 为害部位

钻蛀心叶、茎秆。

3. 为害症状

苗期受害形成枯心苗,穗期受害遇风易折倒,并使谷粒空秕形成白穗。

4. 防治方法

防治关键是掌握产卵盛期。

(1) 拔除病株。及时拔除谷子田间的虫株、枯心苗,以防幼虫转株为害。

(2) 药剂防治。在谷子拔节抽穗期间用50%辛硫磷乳油0.3~0.5kg加细土300~500kg,拌匀后顺垄撒在谷苗基部。或用5%来福灵乳油2 000~3 000倍液喷雾,或用2.5%溴氰菊酯,或20%氰戊菊酯3 000倍液喷雾;用苏云金杆菌粉500g加10~15kg滑石粉,或其他细粉混匀配成500倍液喷雾。

第四章 花　生

第一节　花生地膜覆盖栽培技术

一、播前准备

（一）选择适宜的地膜

一般选用耐拉力强、耐老化，无色透明透光率高的聚乙烯薄膜，宽度为 80~90cm，厚度为 （0.007±0.002）mm。

（二）选用优良品种

要选用适应性广、抗逆性强、增产潜力大，具有前期稳长、后熟长势强的中熟大果型或早熟中果型品种。

（三）选择适宜的土地

地膜覆盖栽培花生生长势强，要求较高的土壤肥力水平才能充分发挥其增产潜力。应选择地势平坦、土层深厚、保水保肥、土质疏松、中等以上肥力，并经过 2~3 年轮作倒茬的土地。

（四）整地施肥

1. 精细整地

春花生在前茬作物收获后及时进行冬季深耕、早春浅耕、耕后及时耙糖保墒。大垄距麦套地膜花生在前茬深耕的基础上，播前浅耕，播后及时中耕灭茬。在精耕细耙的基础上，结合起垄做畦，搞好三沟配套，使沟沟相通，畦垄相连，确保旱能浇、涝能排。

2. 科学配方，施足底肥

在中等以上肥力氮、磷、钾施用比例应掌握在 5∶1∶2；同时，由于地膜花生生育期内不便追施肥料，因此，要求施足底肥，每亩要求施入优质农家肥 4 000~5 000kg，标准氮肥 10~15kg，过磷酸钙 30~40kg，硫酸钾 12~15kg，石膏粉 20~30kg。有条件的还可施入饼肥 40~50kg。

3. 起垄

播种前 4~6 天起垄，80~90cm 一带，畦底宽 30cm，垄面宽 50~60cm。起垄标准是底墒足、垄体矮、垄底宽、垄面平、垄腰陡。

二、覆膜与播种

（一）提高覆膜质量

覆膜质量的好坏，直接影响到地膜覆盖栽培技术的效果。

1. 覆膜时间

北方花生区一般是 4 月中下旬。

2. 覆膜方法

人工覆膜放膜时速度要缓慢，膜要摆平，伸直，拉紧，使薄膜在台面上平展没有皱纹，紧贴垄面。为了防止风刮掀膜，还可以采取每隔 3~4m 压 1 条防风土带，既能保护薄膜，又不影响播种和透光的效果。

机械覆膜用覆膜机覆膜，能加快覆盖速度，提高劳动效率，保证覆盖的质量。采用花生联合播种机将镇压、筑垄、施肥、播种、覆土、喷药、展膜、压膜、膜上筑土带等技术 1 次完成。

3. 喷施除草剂

花生地膜覆盖常用的除草剂有拉索、农思他、都尔、乙草胺和西草净等。施用方法，均于盖膜前将除草剂的每亩适当用量加水 50~75kg，搅拌，使其稀释乳化后，均匀喷在垄面上和畦沟上。注意喷匀，不要漏喷，把规定的药量全部喷完，喷少了则会降低除草效果。

4. **盖膜方式**

花生地膜覆盖有3种方式：一是随种随覆膜，即整地播种后，随即喷洒除草剂，接着盖膜，待花生出苗顶土时，及时破膜放苗。二是先盖膜后播种，即播种前5~6天盖膜，待地温升至适宜温度后，用打孔器打也播种。播后苗孔上面压上3~5cm厚的湿土，以防落干跑墒。三是先播种，齐苗后再盖膜，即花生播种后喷除草剂除草，花生齐苗后再边盖膜边打孔破膜。3种方式各有各的特点，可因地制宜选用。

(二) 适期播种

1. **确定播种期**

当5cm地温稳定在12℃以上，一般是4月15—25日。播种过早，膜内外温差大，幼苗不能正常生长；播种过晚，生育期缩短，营养生长不良，结果少，不能充分发挥地膜覆盖的作用。

2. **种子处理**

一是种子精选，播种前带壳晒种2~3天，以提高种子发芽势和发芽率；二是浸种子催芽和药剂拌种，这是经多年实践证明的一项全苗壮苗措施；三是根瘤菌拌种，能增加花生植株根瘤数，增加根瘤菌活性，提高花生固氮能力。

3. **提高播种质量**

不论是先盖膜后播种，还是随播种随盖膜，或是出苗后再盖膜，都要按密度规格开沟或打孔。一定要注意墒情，墒情差，要提前浇水；覆膜后在打孔的周围要压严，否则，起不到保温作用。

(三) 合理密植

花生的单位面积产量是由单位面积内穴数、穴荚果数和果重三因素构成。应根据品种类型、地力、栽培条件选择适宜的种植密度。一般应用中熟大粒型品种,每穴2粒,亩穴数0.8万~1.1万穴。

三、田间管理

(一) 苗田护膜

在播种出苗阶段,容易被风刮揭膜,或者因为垄面薄膜封闭不够严密及破损等原因,都会影响地膜的增温、保温、保墒的效果,影响出全苗、出齐苗。因此,在出苗前要深入田间细致检查,发现上述情况及时盖严压实,保持薄膜覆盖封闭严密,保证增温保墒效果。

(二) 助苗出土,壮苗早发

随播种随盖膜的花生顶土时,要及时开孔放苗和盖土引苗,防止窝苗。做到1次完成,不能出1棵引1棵,也不可待幼苗全部出土后再开孔引苗。因此,开孔引苗一定要在顶土时进行。开孔放苗的方法是:用3个手指或小刀在苗穴上方将地膜撕成1个孔径4.5~5cm的圆孔,随即抓1把松散的湿土盖在膜孔上厚3~5cm,防止幼苗高温烫伤。散土后不要按压,以保持地膜增温、保墒、除草效果,避免引苗出土,起到自然清棵的作用,培育壮苗。

(三) 适时清墩和抠枝

1. 清墩

花生出苗后主茎有2片复叶展现,应及时清理膜孔上的土堆,并将幼苗根际周围浮土扒开,使子叶露出膜外,释放第一对侧枝,以免影响花生正常的生长发育。

2. 抠枝

花生出苗后主茎有4片复叶时,要及时将压在膜下的侧枝抠出来,而侧枝又是结果最多的第一对侧枝,若压在膜下时间久了,影响早生快发,降低结实能力,影响产量。

3. 查苗补种

结合开孔放苗和清理膜上土墩，进行查苗补种，若发现缺苗，应随即将准备好的催芽种子逐穴补上，保证全苗，为高产稳产打好基础。

（四）中耕除草

降水或浇水后，垄沟土壤容易板结，滋生杂草，应及时顺垄沟浅锄，破除板结，消灭杂草。膜内发生杂草时，用土压在杂草顶端地膜面上，3~5天后杂草因缺氧窒息枯死。

（五）浇好关键水

播后2个月不降水常发生旱象，此时，正值花生荚果膨大期，需水最多，应立即采取沟灌、润灌的措施，以保根、保叶，维持盖膜花生正常生长发育，确保高产。

（六）化学调控

在花生开花后30~40天，每亩叶面喷施150mg/kg的多效唑溶液50kg，以控上促下，控制营养生长，促进生殖生长，提高营养体光合产物向生殖体运转速率，防止田间群体郁闭倒伏，保持较高而稳定的有效叶面积，提高光合效率，获取高产。

（七）根外追肥

缺铁时可叶面喷洒0.2%~0.3%的硫酸亚铁溶液及时补充铁元素。在缺硼、铁钼或缺锌的土壤，可叶面喷0.2%的硼酸液、0.03%的钼酸铵溶液、0.02%~0.05%的硫酸锌溶液。在结荚后期每隔7~10天叶面喷施1次1%尿素液每亩75kg和2%~3%的过磷酸钙水溶液1~2次，或0.3%的磷酸二氢钾水溶液1~2次，对提高荚果饱满度有重要作用。对有早衰迹象的地块叶面喷肥，更为重要。

四、适时收获，回收残膜

（一）适时收获，增产增收

覆膜春花生成熟期比露地栽培提早 7~10 天。花生正常成熟的长相，一般是植株下部茎枝落黄，叶片脱落但水肥条件好的这些现象不明显，因此，地膜花生还要看荚果的饱满度。中熟大果品种的饱果指数达 50%~70%，早熟中果品种单株饱果指数达 70%~90% 时为适收标准。荚果成熟外观标准是果壳外皮发青而硬化，籽仁充实饱满，种皮色泽鲜艳。收获后及时晾晒，待种子含水量低于 12% 时，方可入库。

（二）残膜回收

结合用犁穿垄收获花生时，先把压在土里的残膜边揭起来，再抽去地上的残膜，回收率可达 98%；结合冬春耕地把前茬埋在地里的残膜拣起来。

第二节 麦套花生高效栽培技术

麦垄套种夏花生能较好地解决夏播花生光照积温不足问题。但是，麦套花生在种植方式、施肥技术、品种搭配等方面存在很多问题，影响着产量效益的提高。分析麦套花生的生育特点，主要是播种时无法施底肥；与小麦共生期间存在争光热、争水肥的矛盾，具有前期缓升、中期突增、后期锐降的生长发育规律。中期是花生植株主要形成期，即始花后 20 天，光合效率高，积累干物质量占全生育期总量的 87.6%，因此，其栽培要点如下。

一、统筹安排，深耕增肥

选土层深厚、排灌方便、肥力中等以上的土地。种麦前深耕 20~30cm。结合深耕每亩施优质圈肥 4 000 kg、碳酸氢铵 35kg、过磷酸钙 65~70kg、氯化钾 25kg 做小麦基肥。翌年早春追肥推迟到小麦拔节至挑旗，兼做花生基肥。

二、良种配套，光热互补

为减少两作物共生期争光争热矛盾，品种选用上必须搭配好。小麦选用早熟、矮秆、株型紧凑的品种；花生选用耐阴性好的中早熟品种。

三、改革种植方式，发挥边行优势

（一）小垄宽幅麦套花生

秋种时不起垄，40cm 一带，小麦播幅 6~7cm，套种空当 33cm。一般麦收前 15~25 天（中低产麦田可适当提前到麦收前 25~30 天套种）在空当上开沟套种 1 行花生，穴距 16.5~20cm。密度每亩种 8 333~10 000 穴，每穴 2 粒。小麦收获后立即灭茬、追肥、浇水。在花生封垄前深锄扶垄，培土迎针。

（二）大垄麦套花生

秋种小麦时，先起大垄，垄距 90cm，垄沟 30cm，垄高 12cm，垄沟内播 2 行小麦，小麦小行距 20cm，大行距 70cm。春天在垄中间开沟施入花生基肥。4 月上中旬在垄上覆膜套种花生，播种规格：垄上种 2 行花生，小行距 25~30cm，大行距 60~70cm，穴距 16.5~18cm，密度为每亩 8 000 穴，每穴 2 粒，采用幅宽 75~80cm 地膜打孔播种。播种时尽量少损伤小麦。小麦收获后要立即浇水、灭茬、扶垄。在垄内也可种秋黄瓜或间作芝麻，增加收入。

（三）常规麦套花生

一般 2 万株/亩左右。小麦正常播种情况下（行距 23~30cm）行行套种花生。

四、科学管理

麦套花生的田间管理是前中期猛促,中后期保叶防衰。

(一) 前期

小麦花生共生期间是花生幼苗出土和发育期,结合浇麦黄水,促进花生根早发和花器形成。麦收后即花生8~9叶期,结合灭茬培土,每亩追施磷酸二铵10~15kg,以促进侧枝生长和前期花开放。覆膜套种应适时破膜放苗。

(二) 中期

培土迎针,防治病虫;遇旱浇水,促进发棵增叶,加速光合产物积累。7月20日前后株高超过35cm,应及时喷施生长抑制剂控制旺长。

(三) 后期

结荚期搞好叶面喷肥,延长绿叶功能期,促进荚果充实。

第三节 夏直播花生起垄种植技术

起垄种植是近年推广的一项夏直播花生高产栽培技术,它有效地解决了淮河流域夏播花生生产涝灾频繁、渍害严重,产量低而不稳、品质下降和机械化程度低、劳动强度大、生产成本高等制约该区域花生生产发展的主要限制因素。垄作不仅有利于灌溉和排水防涝,增加土壤的通透性,改善花生的生长环境,促进根系发育,加快花生的生育进程,增强花生的抗旱耐涝能力,同时,便于田间管理和机械化操作。机械化起垄种植在正常情况下比平播增产10%以上,旱涝年份增产达20%以上,高产田可达到400kg/亩以上。

一、选用优良早熟品种

起垄种植夏直播花生生育期短,个体发育差,应根据当地生态条件,选择早熟、耐密植、综合抗性好、生育期在110天以内的高产优质花生品种。如远杂9102、远杂9307、驻花1号、豫花22号、豫花23号等花生品种。

二、精细整地,科学播种

精细整地对于提高夏播起垄种植花生播种质量,特别是机械化播种质量至关重要,并且有利于实现苗全苗壮,促进花生生长发育,从而提高产量。保证整地质量的关键是机械化收获小麦后所留的麦茬要低,田间小麦秸秆最好清除,耕地时土壤墒情要适宜,一般以浅耕为宜(麦后可深耕、浅耕交替进行,或1年深、2年浅),真正做到精耕细耙,地面平整。

起垄播种一般垄高为10~15cm,垄距为70~80cm,垄沟宽20~30cm,垄面宽40~50cm,花生小行距控制在20cm左右,即要保持花生种植行与垄边有10cm以上的距离,利于花生果针入土。

播种要做到足墒播种,或播后顺沟灌溉,播深3~5cm。机械化播种可1次完成起垄、开沟、施肥、播种、覆土、喷除草剂等作业,不但省工省时,而且能提高播种质量。

三、施足底肥、巧施叶面肥

起垄种植夏播花生生育期短,缺肥极易影响花生生长发育。因此,播前应施足基肥,增施有机肥,补充速效肥,巧施微肥。一般施有机肥2 500~3 000 kg/亩、氮(N)6kg/亩、磷(P_2O_5)12kg/亩、钾(K_2O)12kg/亩。若考虑夏季花生整地播种时间紧,整地时来不及施肥,可在小麦播种时增加小麦的基肥数量，达到一肥两用，并在花生出苗后，追施速效氮肥（纯氮）6~10kg/亩，促进花生的生长发育。同时，根据生育期长势，缺肥田块中后期可通过叶面喷肥方式为花生的生长发育补充营养，提高植株抗逆性，减缓衰老，增加果重，提高产量。

四、及早播种、适度密植

早播是起垄种植夏播花生高产的关键。据研究，随着播期的推迟，夏播花生产量明显降低。因此，夏播花生应及早播种，越早越好，最晚不能迟于6月20日。

起垄种植夏播花生生育期短，个体发育在一定程度上受到影响，单株生产力低，因此，应加大种植密度，依靠群体提高花生产量。双粒播种时，中上等肥力地块，适宜种植密度为12 000~13 000穴/亩；中等肥力以下地块，每亩种植13 000~15 000穴。机械化单粒播种时，适宜种植密度为20 000株/亩以上。

五、使用专用机械播种，提高播种质量

花生起垄种植应使用专用播种机械，能1次完成起垄、播种、施肥、喷施除草剂等作业，不但省工省时，而且能提高播种质量，花生出苗整齐一致。

六、适时化控，防止倒伏

起垄种植夏播花生生育期间雨量充沛、气温高，特别是高产田块，花生前期生长发育快，中期生长旺，易造成群体郁蔽和后期旺长倒伏，从而导致减产。因此，应适时喷施植物生长延缓剂，控制徒长。当株高达到35cm左右时，有旺长趋势的田块，每亩用15%的多效唑可湿性粉剂30~50g或5%的烯效唑可湿性粉剂20~40g，对水40kg左右，叶面均匀喷洒，防止旺长倒伏。

七、叶面施肥

花生进入结荚期后,叶面喷施1%的尿素和2%~3%的过磷酸钙澄清液,或0.1%~0.2%磷酸二氢钾水溶液2~3次(间隔7~10天),每次喷洒50~75kg/亩。

八、及时进行病虫害防治

起垄种植花生生长发育快,种植密度大,整个生育期又处在6月初至9月下旬高温多雨的季节里,病虫害发生一般较重,及时防治病虫害是获得高产的关键措施之一。

九、旱浇涝排,防止积水

由于起垄增加了灌溉的便利,特别是在苗期及荚果膨大期,干旱时要及时浇水,确保花生的正常生长发育。

6—9月降水量大、涝灾频繁,易造成土壤缺氧,影响花生根部呼吸及营养物质吸收,严重时造成烂果。因此,雨后应及时排出积水,为花生生长发育创造良好的生态环境。

十、适时收获

花生成熟后要及时收获,可采用分段式收获机械或联合收获机械收获。花生成熟(植株中下部叶片脱落,上部1/3叶片变黄,荚果饱果率超过80%)时应及时收获。收获摘果后,应及时晾晒或机器烘干,当花生荚果水分降至10%以下时,入库储藏。

第四节 花生病虫害防治

一、花生主要病害防治

(一) 花生褐斑病和黑斑病

1. 分布与寄主

发生范围广，我国多数地区以褐斑为主。在叶片上产生病斑，破坏光合作用，引起落叶，造成荚果空秕，一般减产10%~20%。两者只为害花生，尚未发现其他寄主。

2. 症状

褐斑病发生时在叶上产生近圆形或不规则病斑，正面暗褐色，背面稍浅，病斑周围有黄色晕圈，潮湿时在叶正面产生灰霉状物。黑斑病发生比褐斑病晚，病斑近圆形，颜色黑褐，正反面相似，且无黄色晕圈。两者也可侵染叶柄、托叶和茎。

3. 发病规律

病菌以菌核和菌丝在土壤病残体上越冬，翌年在菌丝上产生分生孢子，随风雨传播染病。一般下部老叶先发病，病斑上产生的分生孢子进行再侵染。在25~30℃的适宜温度和较高湿度下，病菌侵入10~14天后显症。褐斑病比黑斑病较耐低温。一般花期发病、中后期逐渐严重。7—8月多雨，发病重。

4. 防治方法

实行花生与水稻、玉米、甘薯轮作1~2年可明显减轻病害；及时清除田间病残枝叶，减少菌源；种植抗病品种，如豫花9326、豫花9327、远杂9102等；发病初期每亩用爱苗20mL，或用金极冠（30%苯酯甲环唑·丙环唑乳油）10mL，也可用阿米妙收（20%嘧菌酯和12.5%苯酯甲环唑混配悬乳剂）40mL，对水30~40kg均匀喷雾，一般7~10天喷1次，连喷2~3次，有较好的防病增产效果。其他：每亩用12.5%禾果利16~48g对水50kg喷雾，也可用50%多菌灵1 000~1 500倍液、75%百菌清600~800倍液等。

(二) 花生茎腐病

1. 分布与寄主

全国各地均有发生，北方花生区比较严重。除为害花生外，还侵害大豆、绿豆、棉花、甘薯等20多种植物。

2. 症状

花生幼苗发病在茎基部产生水渍状黄褐色斑，后变黑褐色，并向四周扩展，最终导致地上部萎蔫枯死。潮湿时病部密生小黑点，表皮易剥落。成株期发病时，先在主茎和侧枝基部产生黄褐色水渍状病斑，病斑发展后使茎基变黑枯死，引起主茎侧枝逐渐枯死，病部密生小黑点。

3. 发病规律

病菌以菌丝在种子上，或以菌丝、分生孢子器在病残株上越冬。混有病残体的土杂肥也是重要的病菌来源。在田间主要是通过风雨、流水传播。一般在6月中下旬形成发病高峰。用霉捂种子、苗期雨多、雨后骤晴，春播、早播和连作等情况下病情严重。雨后骤晴、气温回升快就会出现大批死株。

4. 防治方法

(1) 农业措施。主要是防止种子霉捂、轮作和清除病残体；进行轮作倒茬，避免重茬连作，施用的有机肥应充分腐熟。

(2) 拌种。方法一：是先将种子用清水湿润，然后每10kg花生种子加入30kg 50%的多菌灵可湿性粉剂，拌匀后即可播种；方法二：是用40%的多菌灵胶悬剂50g对水1.5~2kg，拌花生种子15~20kg，注意要随拌随种。

(3) 用花生专用种衣剂进行包衣，晾干后进行播种，不但能有效地防治花生苗期的茎腐病、根腐病，而且对越冬地下害虫也有明显的防治效果。

（4）苗期初发病时，每亩用40%的多菌灵胶悬剂100g，或用25%的多菌灵可湿性粉剂200g或72%克露可湿性粉剂100g，也可用70%的甲基托布津100g加5%井冈霉素水剂100~150mL（每亩），对水80~100kg，于苗齐后和开花前对根部喷洒2次。

（三）花生立枯病

1. 分布与寄主

该病主要分布在北方和长江流域，寄主广泛，茄子、辣椒、黄瓜、马铃薯、十字花科蔬菜等也是其常见寄主。

2. 症状

侵害种子造成种子腐烂；侵染幼苗在近土表茎基部产生凹陷病斑，发展后引起死苗。成株期发病常从底部叶片和茎开始，产生暗褐色病斑，潮湿时，病斑迅速扩展，引起叶片、茎腐烂。

3. 发病规律

病菌以菌核或病残体上的菌丝越冬，在合适条件下萌发侵害花生。苗期低温多雨时幼苗受害重。成株期主要发生在结荚后，群体过大过密，高温高湿时就会大发生。

4. 防治方法

注意合理轮作、排灌降湿、合理密植、合理施肥。种子处理同花生茎腐病，可防治烂种、死苗。成株期发病时，可选用3%井冈霉素800~1 000倍液、50%甲基立枯磷可湿性粉剂1 000倍液、50%多菌灵600~800倍液喷雾，10天喷施1次，连续2~3次，效果较好。

（四）花生根腐病

1. 分布与寄主

全国各地均有发生，寄主范围极广。

2. 症状

主要为害根部，侵染幼苗，主根变褐，无侧根或少侧根，拔出呈"鼠尾状"，地上部矮小变黄乃至枯萎。成株期症状是慢性的，在根部引起稍凹陷、长条形褐色病斑，地上部暂时性萎蔫，病情严重时，植株逐渐萎蔫死亡。

3. 发病规律

病菌在土壤、病残体和种子上越冬，腐生性强。土质黏重、土层浅薄、排水不良田发生重。

4. 防治方法

种子处理效果明显，方法同花生茎腐病。另外，清沟排水、深翻改土等也有一定作用。

（五）花生青枯病

1. 分布与寄主

南方严重，北方呈加重趋势。常见寄主的有番茄、茄子、萝卜、菜豆等200多种植物。

2. 症状

花生各生育期均可发生，开花期达到发病高峰。地上部从顶梢第一、第二片叶首先表现症状，中午萎蔫，早、晚尚能恢复，1~2天后，全株叶片从上至下急剧凋萎，呈青枯状。病株根茎部开始时外表完好，但主根尖间发生褐色湿腐，逐渐发展至全根腐烂。剖开根茎部，维管束变为浅褐色乃至黑褐色，土壤含水量高时，病部流出白色浑浊细菌黏液。

3. 发病规律

病原菌在土壤中越冬，成为侵染来源，在土温稳定在25℃以上6~8天显症，病菌是从伤口或自然孔口侵入的，借病土、流水、农具、带菌粪肥传播。高温多湿利于病害发生，干旱后多雨、时晴时雨、雨后骤晴常引起流行。

4. 防治方法

主要是种植抗病品种、合理轮作、加强栽培管理等农业措施。抗青枯病的花生品种有远杂9102、远杂9307等。加强栽培管理：发病初期及时拔除田间病株，收获后清除田间带病的病株残体，并将其烧毁或施入水田作基肥，不要将混有带病植株残体的堆肥直接施入花生田或轮作田，要经高温发酵后再施用。发病田要增施有机肥和磷钾肥，促使植株生长健壮；也可每亩施用石灰 30~50kg，使土壤呈微碱性，以抑制病菌生长，减少发病。目前尚未发现特别有效的药剂。发病初期可喷施 0.01%~0.05% 的农用链霉素，每隔 7~10 天喷 1 次，连续喷 3~4 次，有一定的防治效果。

(六) 花生病毒病

1. 分布与寄主

花生病毒病有 4 种，即花生条斑病、黄花叶病、普通花叶病和芽枯病。花生条纹病主要发生在北方花生区，自然侵害寄主还有大豆、芝麻等。花生普通花叶病广泛分布于北方花生区，自然侵染寄主还有菜豆、刺槐、紫穗槐等。

2. 症状

花生条纹病开始在顶端嫩叶上出现清晰的褪绿斑和环斑，随后发展成浅绿与绿色相间的轻斑驳、斑驳、沿侧脉出现绿色条纹及橡树叶状花叶等症状，该病症状较其他病毒病轻，早期病株稍矮化，其他病株一般不矮化，叶片也不变小。

花生普通花叶病开始在顶端嫩叶上出现明脉或褪绿斑，后发展成浅绿或绿色相间的普通花叶症状，沿侧脉出现辐射状绿色小条纹和斑点，叶片窄小，叶缘波状扭曲，植株中度矮化，多小果和畸形果。

3. 发病规律

花生条纹病初侵染源是带毒种子，豆蚜、桃蚜等蚜虫以非持久性方式传播，花生出苗后 10 天开始发生，长期形成高峰。该病是常发流行性病害，苗期少雨病情重。

花生普通花叶病初侵染源是种子和受 PSU 感染的刺槐树，

通过蚜虫传播。

4. 防治方法

主要是农业措施：①用无毒种子，杜绝病毒来源。②花生种植区内除去刺槐花叶病树，清除田间和周围杂草。③种植抗耐病品种。④驱蚜治蚜，可用地膜覆盖栽培，药剂拌种，苗期药剂治蚜；从防蚜虫入手，应在花生苗期用2.5%高效氯氰菊酯1 000倍液加新高脂膜800倍液，或者用3%啶虫脒乳油1 000倍液加新高脂膜800倍液，喷雾花生园，可以有效控制花生病毒病的蔓延。⑤拔除种传早发病苗。⑥做好种子调运中病毒病的检疫。

（七）花生根结线虫病

1. 分布与寄主

我国黄河以南为花生根结线虫，黄河以北为北方根结线虫。已知寄主330~550种，主要为害番茄、葱、甘蓝、萝卜等。

2. 症状

以2龄幼虫从根尖、果锥尖等幼嫩组织侵入，刺激组织细胞过度增生，形成瘤状"根结"，根结上又生细根，细根尖处又生根结，反复多次就形成根结团。地上部呈现缺水缺养分状。根结线虫所形成的根结与粗根结合，根结大且包裹着主根。

3. 发病规律

一年发生3~5代，以卵在卵囊内和以幼虫在根结内随病根及病荚在土壤或粪肥内越冬。来年在适宜条件下孵化出2龄侵染幼虫，侵入寄主寄生，形成根结，而幼虫也在根结内脱皮3次发育成成虫，雌虫产卵，卵囊露在根结外。病原线虫田间传播主要是带虫土壤及粪肥和流水。

4. 防治方法

应采取以农业防治为主的综合防治方法。主要是轮作、增肥改土、清除根结病残体。进行轮作倒茬有明显效果。化学防治可直接杀伤土壤中的线虫，起到一定的控制作用，可用10%的克线磷颗粒剂每亩 2~3kg 或 5%米乐尔颗粒剂每亩 3.6kg 或 10%灭线磷颗粒剂 1~1.25kg，加土 40~50kg 拌匀，播种时开沟施入，沟深 12cm 左右。

(八) 花生网斑病

花生网斑病，又称污斑病、网纹斑病、泥褐斑病等。近年来蔓延迅速，许多地方危害程度已超过黑斑病和褐斑病，一般减产 20%左右，严重时可达 30%以上。防治措施如下。

1. 清除初侵染来源。

2. 选用抗病品种

目前较抗病的花生品种有豫花 9719、豫花 9327、花 17 等，可根据当地情况选择种植。

3. 合理轮作

花生网斑病病菌寄主范围很窄，与其他作物轮作 1~2 年，可以有效减轻病害的发生。

4. 药剂防治

7 月中下旬，在网斑病发病初期每亩用爱苗 20mL，或用金极冠（30%苯醚甲环唑·丙环唑乳油）10mL，也可用阿米妙收（20%嘧菌酯和 12.5%苯醚甲环唑混配悬乳剂）40mL，对水 30~40kg 均匀喷雾，一般每隔 10 天左右喷 1 次，连喷 2~4 次。其他药剂：戊唑醇、己唑醇、百菌清等。

(九) 花生白绢病

花生白绢病是一种土传真菌性病害，该病主要为害茎部、果柄及荚果。发病初期叶片枯黄，晴天叶片闭合，阴天尚能展开，茎基部组织呈软腐状，表皮脱落，严重的整株枯死。感病组织长出白色绢丝状的菌丝覆盖病部周围土表。

白绢病防治措施：应采取以轮作为基础，以清洁田园、深翻晒土和药剂防治为辅的综合防治措施。与禾本科作物进行 3 年以上轮作。增施有机肥，培肥地力，采用起垄种植方式，改善土壤通透条件，合理化控，防止花生倒伏。在花生结荚初期喷240g/L噻呋酰胺悬浮剂1 000倍液，或20%的三唑酮乳油1 000倍液，或40%菌核净600倍液进行防治，每株喷淋对好的药液100~200mL。也可在发病期用三唑酮、根腐灵、硫菌灵等药剂交替灌根2~3次，隔7~15天喷施1次，防治效果明显。

二、花生主要虫害防治

（一）蛴螬

1. 为害特点及发生规律

蛴螬是金龟子幼虫的总称，有危害记载的百余种，其中，为害花生较重的有华北大黑金龟甲、黑皱鳃金龟等。以幼虫为害地下部根和果实为主，成虫咬食茎叶也造成一定危害。

（1）华北大黑金龟甲。黄淮海地区2年1代，以成虫、幼虫隔年交替越冬，成虫5月下旬至6月上中旬是出土盛期，幼虫则于春季10cm地温达10℃时上升活动，13~18℃是幼虫活动适温。幼虫老熟后在土壤中20cm处筑室化蛹，7月见到羽化成虫，羽化成虫当年不出土，在土中直接越冬。成虫多在矮秆植物、灌木丛或杂草多的田边集中取食、交配。

（2）暗黑鳃金龟。1年发生1代，多以3龄老熟幼虫在20~40cm土中越冬，也可以成虫越冬。越冬幼虫5月上中旬化蛹，6月下旬至8月上旬是成虫羽化高峰，8月中下旬是幼虫为害盛期，11月越冬，成虫集中在灌木或玉米上交配。

2. 防治方法

以化学防治为主，化学防治又以播种期防治为主，兼顾作物生长期防治。

（1）播种期。播种前防治。每亩用5%吡虫·辛硫磷颗粒剂1~2kg或50%辛硫磷乳油、40%毒死蜱乳油等有效成分50g拌毒土于花生播种前撒施于田间，可兼防其他地下害虫。

（2）开花下针期。在6月下旬或7月上旬成虫产卵期，每亩用5%吡虫·辛硫磷颗粒剂1~2kg加干细土撒施，也可用50%辛硫磷乳油、40%毒死蜱乳油等有效成分每亩50g拌毒土，趁雨前或雨后土壤湿润时，将药剂集中而均匀地撒施于植株主茎处的土表上，可有效毒杀成虫，减少田间卵量。

（3）成虫防治。在成虫活动的地边或树木上喷洒40%氧化乐果1 000倍液，时间为成虫盛发期产卵前。

（4）水旱轮作可大量杀死蛴螬。

（5）深耕细耙，中耕除草，适时灌水，不施未腐熟有机肥等，降低地下虫的密度。

（二）花生蚜虫

1. 发生及为害

花生"顶盖"尚未出土时，蚜虫即钻入土内为害幼茎嫩芽。花生出土后，多在顶端心叶及嫩叶背面吸取汁液，始花后聚集在花萼管和果针上为害，使花生植株矮小，叶片卷缩，影响开花下针和正常结实。严重时，蚜虫排出大量蜜汁，引起真菌寄生，使茎叶变黑，能致全株枯死。一般减产20%~30%，严重的减产45%~55%，甚至绝产。此外，蚜虫是花生病毒病的重要传播媒介，往往带来暴发性的病毒病害。

花生蚜虫1年发生20余代。主要以无翅成蚜和若蚜栖息于荠菜、地丁、野豌豆、野苜蓿等须根植物以及冬豌豆嫩芽、心叶和根茎交界处越冬。翌年春天，随着气温回升，花生蚜虫先在越冬寄主上繁殖，再产生有翅胎生雌蚜，向附近麦田的荠菜、冬豌豆和"三槐"新梢上迁飞，扩散蔓延。当花生顶盖出土时，有翅蚜即迁飞到花生田繁殖为害，形成花生田点片发生。6月中下旬花生开花期，花生蚜第三次迁飞，在花生田内外蔓延为害，如遇天气干燥、少雨、气温较高的适宜条件，花生蚜则繁殖很快，一般4~7天就能完成1代，造成蚜虫猖獗发生。7月上旬以后，雨季来临，花生田小气候高温多湿，种群数量逐渐下降。花生收获后，中间寄主衰老，气温降低，又产生有翅蚜，飞到越冬寄主上，繁殖为害并越冬。

花生蚜耐低温能力很强，而且适于繁殖的温度范围很广，适宜花生蚜发生繁殖的相对湿度为60%～70%，低于50%或高于80%，对其繁殖有明显的抑制作用。此外，暴风雨能将成蚜震落地上，引起大批死亡。常年早春至初夏气候干旱少雨，对花生蚜的发生为害极为有利。花生蚜的天敌种类很多，如瓢虫、草蛉、食蚜蝇和蚜茧蜂等，对其种群数量有一定的抑制作用。

2. 防治方法

（1）种植地块选择。宜选择沙壤、排灌条件好的种植地。

（2）合理轮作。避免2年以上在同一地块种植花生。

（3）覆膜栽培。覆膜花生保水、保温、保肥性能好，实现减少病虫害的为害，可提早收获。覆膜栽培花生，苗期具有明显的反光驱蚜作用，特别是使用银灰膜覆盖，可以有效减轻花生苗期蚜虫的发生与为害。

（4）生物防治。花生出土后，选择早播、靠近越冬、中间寄主植物多的花生田2～3块，采用五点取样的方法，每5天（6月3天）调查1次，至7月中旬止。每点查20墩花生，统计蚜量和天敌数量。当蚜墩率达30%、百墩蚜量达100头以上，在气候适宜、天敌数量少的情况下，应及时开展防治。如遇雨量偏多，相对湿度达85%以上，或天敌总数与蚜虫比为1∶40，即可控制为害，而不必防治。

（5）化学防治。

一是药剂拌种：用挪威进口翠瑞+爱尔稼拌种。每套组合产品对水400～500mL，混合均匀配成母液，拌种包衣25kg种子，既可机械包衣也可人工包衣，迅速搅拌均匀，充分晾干后即可播种。

二是配制毒土（沙）：苗期每亩用 2.5%敌百虫粉 0.5kg，对细干土（沙）15kg 配制毒土（沙），于早晚花生叶闭合时，撒施到花生墩基部，使其尽可能与虫体接触，杀蚜效果良好。

三是喷药防治：在有翅蚜向花生田迁移高峰后 2~3 天，开始喷洒 10%吡虫啉可湿性粉剂或 50%抗蚜威可湿性粉剂 2 500 倍液、50%辛硫磷乳油 1 500 倍液或 80%敌敌畏乳油 1 000~1 500 倍液、70%灭蚜净可湿性粉剂 2 000 倍液喷药防治。开花下针期可用农药熏蒸防治蚜虫。

四是药剂熏蒸：花生进入开花下针期，发现蚜虫为害时，可亩用 80%敌敌畏 75~100g，加细土 25kg 或麦糠 7.5kg，加水 2.5L 拌均匀，顺花生垄沟撒施，在高温条件下，敌敌畏挥发熏蒸花生植株，杀死蚜虫，防效可达 90%以上。

（三）花生叶螨

1. 为害特点及发生规律

花生田叶螨北方以二斑叶螨，南方以朱砂叶螨可为害花生、大豆、玉米、棉花等作物。叶螨群集在叶背面吸食汁液，出现褪绿斑点，严重时叶片干枯脱落。

北方发生 10~15 代，南方发生 15~20 代，以成螨在作物或杂草根际、土缝、树皮等处越冬。花生生长中后期达到高峰。气候干旱对其发生有利。

2. 防治方法

清洁田园及地头，消灭越冬虫源。化学用药应选择高效、低毒、安全的农药。当花生田间发现发病中心或被害虫率达到 20%以上时，用杀螨剂进行喷药防治，喷药要均匀，一定要喷到叶背面。另外，对田边的杂草等寄生植物也要喷药，防止其扩散。具体方法是：可用 1.8%阿维菌素 3 000 倍液或 73%克螨特乳油 1 000 倍液喷雾防治。

(四) 棉铃虫

1. 棉铃虫的发生及为害

较早世代的幼虫主要取食玉蜀黍，尤其是穗尖的小籽粒；以后各代幼虫为害番茄、棉花和其他季节性作物。棉铃虫黄昏开始活动，吸取植物花蜜作补充营养，飞翔力强，有趋光性，产卵时有强烈的趋嫩性。卵散产在寄主嫩叶、果柄等处，每雌一般产卵900多粒，最多可达5 000余粒。初孵幼虫当天栖息在叶背不食不动，第二天转移到生长点，但为害还不明显，第三天变为2龄，开始蛀食花朵、嫩枝、嫩蕾、果实，可转株为害。4龄以后是暴食阶段。老熟幼虫入土5~15cm深处做土室化蛹。

秋季和春季气温的变化直接影响棉铃虫的越冬基数和存活率。9—10月温度偏高，气温下降慢，翌年春季气温稳定回升，棉铃虫的越冬基数大、成活率高。冬季气候变暖，有利于棉铃虫的越冬

2. 棉铃虫的防治

（1）强化农业防治措施，压低越冬基数。坚持系统调查和监测，控制1代发生量；保护利用天敌，科学合理用药，控制2~3代密度。

（2）秋耕冬灌，压低越冬虫口基数。秋季棉铃虫为害重的棉花、玉米、番茄等农田，进行秋耕冬灌和破除田埂，破坏越冬场所，提高越冬死亡率，减少第一代发生量。

（3）加强田间管理。适当控制后期灌水，控制氮肥用量。

（4）利用棉铃虫成虫对杨树叶挥发物具有趋性和白天在杨树枝把内隐藏的特点，在成虫羽化、产卵时，摆放杨树枝把诱蛾，是行之有效的方法。每亩放6~8把，日出前捉蛾捏死。

（5）高压汞灯及频振式杀虫灯诱蛾。具有诱杀棉铃虫数量大，对天敌杀伤小的特点，宜在棉铃虫重发区和羽化高峰期使用。

（6）药剂防治。掌握在卵孵盛期至 2 龄幼虫时期喷药防治，以卵孵盛期喷药效果最佳。每隔 7~10 天喷 1 次，共喷 2~3 次。喷药时，药液应主要喷洒在棉株上部嫩叶、顶尖以及幼蕾上，须做到四周打透。并注意多种药剂交替使用或混合使用，以避免或延缓棉铃虫抗药性的产生。亩选用 8.2%甲维·虫酰肼 20mL 对水喷雾 15kg 喷雾，20%毒死蜱，辛硫磷乳油 100~150mL/亩，15%阿维·三唑磷乳油 60~70mL/亩，15.5%甲维。毒死蜱乳油 75~100mL/亩，1.8%阿维菌素乳油 10~20mL/亩，5%氟铃脲乳油 120~160mL/亩，8 000 IU/mL/苏云金杆菌可湿性粉剂 200~300g/亩，10 亿 PIB/g 棉铃虫核型多角病毒可湿性粉剂 80~100g/亩，48%毒死蜱乳油 90~125mL/亩，对水 50~60kg 均匀喷雾。

第五章 大 豆

第一节 大豆的播种技术

一、种子准备

良种选择的原则

1. 根据无霜期长短选择

根据无霜期长短,选择不仅能充分利用光照、温度或不同作物的生长季节间套作,而且还能正常成熟的良种,保证高产、稳产。

2. 根据土壤肥力及地势条件选择

平原肥沃地宜选用耐肥力强、秆壮不倒的有限结荚良种,否则,易倒伏,造成减产;瘠薄地宜选用生育繁茂、耐瘠薄的无限结荚良种。机械化栽培时,应选用植株高大、不倒伏、分枝少、株型紧凑、不裂荚的良种。

3. 根据当地雨水条件选择

干旱少雨地区,宜选用分枝多、植株繁茂、中小粒、无限结荚的品种;雨水较多的地区,宜选用主茎发达、秆壮不倒、中大粒、有限结荚的良种。

4. 根据市场需求和用途选择

随着大豆专业化、产业化的发展,对特用大豆,如高蛋白(>44%)大豆、高脂肪(>22%)大豆、菜用大豆的需求量不断增加。应根据市场需求和用途，选用适销对路的优质专用大豆良种。

二、种子质量要求

在播种前精选种子是保证全苗的重要措施之一，可用粒选机精选或人工精选，品种的纯度应高于96%，发芽率高于95%，含水量低于13%。

三、土壤准备

（一）对土壤的要求

大豆对土壤条件的要求不是很严格。土层深厚、有机质含量丰富的土壤，最适于大豆生长。黑龙江省的黑钙土带种植大豆能获得很高的产量就是这个道理。大豆比较耐瘠薄，但是在瘠薄地种植大豆或者在不施有机肥的条件下种植大豆，从经营上说是不经济的。大豆对土壤质地的适应性较强。沙质土、沙壤土、壤土、黏壤土乃至黏土，均可种植大豆，当然以壤土最为适宜。大豆要求中性土壤，pH 值宜在 6.5~7.5。pH 值低于 6.0 的酸性土往往缺钼，也不利于根瘤菌的繁殖和发育。pH 值高于 7.5 的土壤往往缺铁、锰。大豆不耐盐碱，总盐量 < 0.18%，$NaCl$ < 0.03%，植株生育正常，总盐量 > 0.60%，$NaCl$ > 0.06%，植株死亡。

（二）轮作换茬

大豆是其他作物良好的前茬。大豆根部生有根瘤，根瘤中的根瘤菌能固定空气中的游离氮素，有提高土壤肥力的效果。大豆对前作要求不严格，大豆茬是轮作中的好茬口。大豆最忌重茬（同种作物在同一地块重复种植）和迎茬（同种作物在同一地块隔年种植），不论重茬还是迎茬，都会导致大豆的减产，大豆也不宜种在其他豆类作物之后。主要原因是大豆在生育期间需要吸收大量磷素和钾素，致使土壤氮磷比例失调。另外，重茬、迎茬易引起大豆病虫害大发生，根系分泌的酸性物质会影响微生物和根瘤菌的发育而导致减产。大豆最好与禾谷类农作物，如玉米、小麦、谷子等实现3年以上的轮作。

四、播种方法

（一）播种方法

大豆的播种方式常见有：窄行密植条播和等距点播。

（二）播种深度

大豆是双子叶植物，种子发芽出土时，两片肥大的子叶要顶出地面，出苗比较困难，因此，大豆播种的深浅对保苗和出苗整齐有很大的关系。在土壤疏松条件下，播种可深些，反之，要少一些；土壤墒情好的可少一些，反之，应深些。一般播深3~5cm。

（三）合理密植

合理密植就是根据当地土壤肥力、气候条件、品种特性，确定适宜的种植株数，以充分利用地力，合理利用光照，发挥大豆生产潜力，提高大豆产量。也就是要建立合理的群体结构。

要建立一个合理的群体结构，必须掌握合理密植的原则。

1. 肥地宜稀，薄地宜密

因土壤肥沃种植过密，植株生育繁茂，易徒长倒伏。相反，在瘦薄的土壤稀植时，植株也生长不壮，产量降低。

2. 早熟品种宜密，晚熟品种宜稀

因繁茂性强，分枝多的品种，单株所占营养面积和空间大，密度就应小些。相反，植株紧凑，分枝少的品种，密度就应大一些。

3. 水肥条件好，供应充足

植株生长旺盛，应适当稀些。相反，水肥不足，植株生育缓慢，且又矮小，密度应大些。

4. 气温高的地区宜稀，气温低的地区宜密

根据山西省各地实际情况，一般春大豆保苗密度每亩8 000~25 000株，其中，平川地区，土壤肥力较高的地，适宜保苗数每亩8 000~10 000株；地力中等的地，可保苗每亩1万~1.5万株；瘠薄干旱地，保苗数每亩1.7万~2.5万株。夏大豆的种植密度比春大豆密一些。一般每亩保苗1.5万~3万株，其中，平川地区，土壤肥沃，适宜保苗数在每亩1.2万~1.8万株；地力中等可保苗每亩1.6万~2万株；瘠地或晚播的宜保苗每亩2万~3万株。

第二节 大豆的田间管理

一、出苗期管理

（一）松土

大豆是双子叶植物，播种后至出苗前如遇雨，土壤易板结，影响出苗。因此，在雨后应立即松土，可用钉齿耙耙地，齿深应浅于播深。

（二）中耕

在苗高5~6cm时中耕，并要细致进行，防止压苗、伤苗。中耕深度应浅，一般为7~8cm。

（三）化学除草

目前应用的除草剂类型多，更新快。现介绍几种大豆除草剂。

1. 氟乐灵（48%）乳剂

播前土壤处理剂。于播种前5~7天施药，施药后2小时内应及时混土。

2. 赛克津（70%）可湿性粉剂

于播种后出苗前施药。每亩用药量 25~53g。如使用 50% 可湿性粉剂，则用量为 35~70kg。

3. 稳杀得（35%）乳油

出苗后为防除 1 年生禾本科杂草而施用。当杂草长有 2~3 叶时喷施。每亩用药量 30~50g。当杂草长至 4~6 叶时，每亩用药量 50~70g。

二、幼苗分枝期管理

（一）查苗补种

大豆出苗后及时查苗，发现缺苗断垄的应及时补种，以确保种植密度。缺苗未及时补种的地块，应在大豆单叶到第一复叶期间趁阴天或晴天的 16:00 以后，将备用苗带土移栽到秧苗处，覆土后浇水，待水渗下后及时用土封掩。

（二）及时间苗

当 2 片对生单叶平展时，应及时早间苗，出现复叶后定苗。夏大豆生长迅速，间、定苗要一次进行。间苗要间小留大、间弱留壮，做到合理留苗，等距匀苗，定苗按种植密度要求进行。农谚"苗荒甚于草荒""苗拔一寸，强似上粪"说的就是间苗。

（三）中耕除草

大豆中耕一般 3~4 次。第一次中耕应在豆苗出齐后，晾晒 1~2 天进行，深度要求 10~12cm；第二遍中耕最好在第一次后 7~10 天进行，要求深度 8~10cm。封垄之前锄、蹚第三遍，蹚地深度 7~8cm。

（四）化学除草

除草剂喷药适期一般应在杂草 3~5 叶期，大豆 1~2 复叶期进行。目前应用的除草剂类型多，更新也快。常用的大豆除草剂的使用方法如下：氟乐灵（48%）乳剂播前土壤处理剂。于播种前5~7天施药，施药后2小时内应及时混土。土壤有机质含量在3%以下时，每亩用药60~110g；有机质含量在3%~5%，每亩用药110~150g；有机质含量在5%以上，每亩用药150~170g。应注意施用过氟乐灵的地块，翌年不易种高粱、谷子，以免发生药害。

（五）苗期追肥、灌水

当幼苗生长瘦弱、叶色过浅，表现出缺肥症状时，应追施适量氮、磷肥，施肥量根据地力及幼苗长相而定，一般每亩追施硝酸铵5.0~7.7kg、过磷酸钙7.3~14.7kg。分枝期如遇土壤水分不足，应进行合理灌溉，以促进花芽分化。

三、开花结荚期管理

（一）追施花肥

大豆开花期之初施氮肥，是国内外公认的增产措施。做法是：于大豆开花初期或在趟最后1遍地的同时，将化肥撒在大豆植株的一侧，随即中耕培土。氮肥的施用量是，每亩用尿素2~5kg或硫酸铵4~10kg，因土壤肥力和植株长势而异。

没有脱肥现象的地块可不追花荚肥，以防徒长倒伏。土壤肥力低、长势弱的地块可结合铲趟进行根际或根外追肥。根际追肥可将化肥施于植株旁3cm处，随即中耕培土，盖严肥料，一般每亩施硝酸铵5.0~7.7kg。根外叶面喷洒可用5%~10%的氮、磷、钾混合液，或结荚初期每亩用尿素1.0kg加磷酸二氢钾0.1kg，对水50kg叶面喷雾。

（二）及时灌溉

大豆开花结荚期气温高，日照长，叶面积大，蒸腾耗水多，此时是灌水的关键时期。灌水多采用沟灌、小畦灌，有条件可进行喷灌，生产上垄作沟灌效果好，沟灌分为逐沟灌和隔沟灌两种形式，一般采用隔沟灌效果较好，但特别干旱和地下水位低、土壤漏水的地块，采用逐沟灌为宜。平播大豆可畦灌，但需要精细平整土地打埂做畦。在搞好灌溉的同时，要注意排涝。

（三）清除田间大草

大豆结荚前期，拔出中耕遗留下的大草，以利通风透光，减少土壤养分消耗，促进早熟增产。

（四）摘心

大豆在水肥条件充足，或生育后期多雨年份，容易发生徒长倒伏，尤其是无限结荚习性品种。摘心可以控制营养生长，促进养分重新分配，集中供给花荚，有利于花保荚，控制徒长，防治倒伏，促进早熟，提高产量。

摘心在盛花期或接近终花时进行，一般摘去大豆主茎顶端2cm左右。有限结荚习性品种和瘠薄地不宜摘心。

（五）生长调节剂的使用

生长调节剂有的能促进生长，有的能抑制生长。应根据大豆的长势选择适当的剂型。

四、鼓粒成熟期管理

（一）补施氮肥

大豆进入鼓粒期后，根瘤菌固氮能力逐渐衰退，加之鼓粒期需氮量大，若补施氮肥可显著增加产量。

（二）灌增重水

这阶段耗水量较少，约占总耗水量的20%，这个阶段如干旱缺水。则秕粒、秕荚较多，百粒重下降，这时灌鼓粒水，以水攻粒，能提高大豆粒重和产量。据试验，大豆在开花结荚期50天内缺水1周，减产30%~36%。因此，在这个阶段不能缺水。鼓粒后期减少土壤水分可促进成熟。

（三）拔出田间杂草

在大豆鼓粒期杂草种子未成熟前，人工拔除田间杂草，有利于大豆生育，增加荚数和粒重，而且对于收获、晾晒、脱粒均有益处。

第三节　玉米大豆带状复合种植技术

玉米大豆带状复合种植融竖叶型玉米、耐阴大豆、窄行密植、间作增效等技术于一体，可以较大限度挖掘竖叶型玉米耐密植的增产潜力；玉米通风条件改善，抗倒伏能力增强，密而不弱；玉米大豆根系深浅、植株高矮、需肥种类不同，优势互补；耐阴大豆在间作劣势时，减产幅度不大。

一、品种选择

玉米选用紧凑型品种淄玉2号或开玉15及鑫丰6号；大豆选用耐阴多荚大豆品种开豆41号、开豆16号等。

二、间作方式

（一）宽窄行2

2种植方式，玉米窄行40cm，宽行160cm，在宽行内种2行大豆，行距40cm，大豆行距玉米行距离60cm。玉米穴距14cm，穴留苗1株，设计密度4 764株，有效株数应达到4 500株，目标产量750kg；大豆穴距12cm，穴留苗2株，设计密度10 000株，有效株数不低于7 500株。

（二）宽窄行4

4种植方式，玉米窄行40cm，宽行200cm，在宽行内种4行大豆，行距为20cm、40cm、20cm，大豆行距玉米行距离60cm。玉米穴距18~20cm，穴留苗1株，设计密度4 600株，有效株数应达到4 150株，目标产量750kg；大豆穴距15~18cm，设计密度5 500株，有效株数不低于4 600株。

三、及时足墒播种

6月15日前完成播种，播种时采用玉米大豆专用间作播种机同机免耕播种，播前要足墒下种，保证玉米大豆一播全苗。

四、及时补苗和间苗

对缺苗断垄的要在2~3片叶时及时补种，对过密的疙瘩苗要及时间苗和定苗。

五、巧施肥

底肥玉米专用肥55%（N28-P15-K12）按每亩25kg，与种子一起播入土内，播时要和玉米种子隔开一定距离，防止烧苗。大豆不需施用种肥，玉米在追肥期按每亩25~30kg必须实行条施，施肥点离玉米20cm为佳。大豆在花期视植株长势看苗追肥，也可不施肥。

六、化学除草

播后苗前除草，每亩用50%乙草胺200mL对水20L均匀喷雾，苗后除草阔叶类可用苯达松防治，如确需对大豆使用不同除草剂除草，一定要使用加防护罩的喷头进行分别防治。

七、化控

对生长较旺的玉米如控旺，每亩用40%健壮素水剂25~30g，对水15~20kg，均匀喷于玉米上部叶片。对生长较旺的大豆，可在分枝期用5%烯效唑24~48g，对水40~50kg喷施茎叶。

八、病虫防治

对蚜虫、红蜘蛛防治每亩20%吡虫啉对水30kg喷雾防治。

对玉米螟可在喇叭口期在心叶投放辛硫磷。对大豆食心虫的防治可用敌杀死 20~30mL 对水 30kg 喷雾防治，也可以 1%阿维菌素乳油 2 500 倍液进行防治。

第四节 大豆病虫害防治

一、大豆主要病害防治

（一）大豆根腐病

根腐病是大豆的三大病害之一，在大豆整个生育期均可发生，减产在 25%~75%，甚至绝产。

1. 发病条件

病菌孢子在土壤中或病残体上存活多年，湿度高或多雨天气、土壤黏重，易发病。重、迎茬地发病重。

2. 传播途径

土壤传播。

3. 发病部位

种子、幼苗根部。

4. 症状表现

（1）出苗前引起种子腐烂或死苗。

（2）出苗后引致根腐或茎腐，造成幼苗萎蔫或死亡。

（3）成株期茎基部变褐腐烂，病部环绕茎蔓；下部叶片叶脉间黄化；上部叶片褪绿，造成植株萎蔫，叶片凋萎。

（4）根部变成褐色，侧根、支根腐烂。

5. 防治方法

（1）选用抗病品种。

（2）合理轮作。因大豆根腐病主要是土壤带菌，与玉米、麻类作物轮作能有效预防大豆根腐病。

(3) 加强田间管理,及时翻耕,平整细耙,雨后及时排除积水防止湿气滞留,可减轻根腐病的发生。

(4) 播种时沟施甲霜灵颗粒剂,使大豆根吸收可防止根部侵染。

(5) 播种前用种子重量0.3%的35%甲霜灵粉剂拌种。

(6) 喷洒或浇灌25%甲霜灵可湿性粉剂800倍液,或58%甲霜灵·锰锌可湿性粉剂600倍液,或64%杀毒矾M8可湿性粉剂500倍液,或72%杜邦克露或72%霜脲·锰锌可湿性粉剂700倍液,或69%安克锰锌可湿性粉剂900倍液。

(7) 喷洒植物动力2003或多得稀土营养剂。

(二) 大豆霜霉病

1. 发病条件

播种后低温多湿有利于卵孢子萌发和侵入种子,每年6月中下旬开始发病,7—8月是发病盛期,多雨年份常发病严重。山西省发病较为严重。

2. 传播途径

种子传播或靠气流传播。

3. 发病部位

幼苗、叶片、豆荚。

4. 症状表现

带病种子长出幼苗,从第一对真叶基部出现褪绿斑块,沿主脉、侧脉扩展,造成全叶褪绿。花期前后雨多或湿度大,病斑背面生有灰色霉层,病叶转黄变褐而干枯。豆荚染病荚外正常而荚内常现黄色霉层。

5. 防治方法

(1) 选用抗病力较强的品种。

(2) 轮作。针对该菌卵孢子可在病茎、叶上残留在土壤中越冬,实行轮作,减少初侵染源。

(3) 选用无病种子。

(4) 种子药剂处理。播种前用种子重量 0.3% 的 90% 乙膦铝或 35% 甲霜灵（瑞毒霉）粉剂拌种。

(5) 加强田间管理。中耕时注意铲除系统侵染的病苗，减少田间侵染源。

(6) 药剂防治。发病初期开始喷洒 40% 百菌清悬浮剂 600 倍液，或 25% 甲霜灵可湿性粉剂 800 倍液，或 70% 代森锰锌或代森锌 700 倍液，或 58% 甲霜灵·锰锌可湿性粉剂 600 倍液，或 80% 大生 M-45 800 倍液，或 75% 百菌清 600 倍液进行喷雾。对上述杀菌剂产生抗药性的地区，可改用 69% 安克锰锌可湿性粉剂 900~1 000 倍液。

上述药剂应注意交替使用，以减缓病菌抗药性的产生。

（三）大豆灰斑病

1. 发病条件

病菌以菌丝体或分生孢子在病残体或种子上越冬。

2. 传播途径

主要是病残体或种子带菌传播，其次是风雨近距离传播。

3. 为害部位

叶、幼苗、茎、荚和种子。

4. 症状表现

受害叶片病斑呈圆形，中央灰色，边缘红褐色，叶背面病斑上有灰色霉层，严重时病斑密布，叶片干枯脱落。茎上病斑纺锤形，黑褐色，密布微细黑点。荚和豆粒上病斑圆形或椭圆形，中央灰褐色，边缘红褐色。

5. 防治方法

(1) 农业措施。选用抗病品种、合理轮作避免重茬，收获后及时深翻；合理密植，及时清沟排水。

(2) 种子处理。用 96% 的天达噁霉灵+天达 2116 浸拌种专用型拌种。

（3）药剂防治。叶片发病后及时打药防治，最佳防治时期是大豆开花结荚期。发病初期用70%甲基托布津可湿性粉剂500~1 000倍液，或50%多菌灵可湿性粉剂500~1 000倍液，或3%多抗霉素600倍液喷雾防治，每隔7~10天喷1次，连续喷2~3次。也可用50%甲基硫菌灵可湿性粉剂600~700倍液，或65%甲霉灵可湿性粉剂1 000倍液，或50%多霉灵可湿性粉剂800倍液，隔10天喷1次，防治1次或2次。喷药时间要选在晴天6:00~10:00，15:00~19:00，喷后遇雨要重喷。

（四）大豆锈病

1. **发病条件**

温暖多湿的天气有利发病，尤以降水量大、降水日数多，持续时间长发病重。品种间抗病性有差异，一般鼓粒期受害重。

2. **传播途径**

靠夏孢子进行传播蔓延。

3. **为害部位**

叶片、叶柄和茎。

4. **症状表现**

受害初期为黄褐色斑，病斑扩展后叶背面稍隆起，而后表皮破裂后散出棕褐色粉末，致叶片早枯。

5. **防治方法**

（1）茬口轮作。与其他非豆科作物实行2年以上轮作。

（2）清洁田园。收获后及时清除田间病残体，带出地外集中烧毁或深埋，深翻土壤，减少土表越冬病菌。

（3）加强田间管理。深沟高畦栽培，合理密植，科学施肥，及时整枝；开好排水沟系，使雨后能及时排水。

（4）药剂防治。在发病初期开始喷药，每隔7~10天喷1次，连续喷1~2次。药剂可选用43%好力克悬浮剂4 000~6 000

倍液，40%福星乳油 6 000~7 000 倍液，80%大生 M-45 可湿性粉剂 800 倍液，15%粉锈宁可湿性粉剂 1 000 倍液，15%三唑酮可湿性粉剂 1 000 倍液等。

(五) 大豆细菌性斑点病

1. 发病条件

病菌在种子和病株残体上越冬，夏、秋季气温低，多雨、多露、多雾天气发病重，暴风雨后可加速病情增长，由于伤口增多，有利于侵入，发病更重。连作易染病。

2. 传播途径

种子带菌传播，病菌借风雨传播蔓延。

3. 为害部位

幼苗、叶片、叶柄、茎及豆荚。

4. 症状表现

(1) 幼苗染病。子叶上生半圆或近圆形病斑，褐色至黑色，病斑周围呈水渍状。

(2) 叶片染病。初生半透明水渍状褪绿小点，后转变为黄色至深褐色多角形病斑，病斑周围有黄绿色晕圈，大小为 3~4mm，湿度大时病叶背后常溢出白色菌脓，干燥后形成有光泽的膜。严重时，多个病斑会合成不规则枯死大斑，病组织易脱落，病叶呈破碎状，造成下部叶片早期脱落。

(3) 茎部染病。初呈暗褐色水渍状长条形，扩展后为不规则状，稍凹陷。

(4) 豆荚染病。初现红褐色小斑点，后逐渐变成黑褐色不规则形病斑，病斑多集中在豆荚的合缝处。

(5) 籽粒染病。病斑不规则，褐色，常覆一层菌脓。

5. 防治方法

(1) 农业措施。①与禾本科作物进行 3 年以上轮作。②施用充分沤制的堆肥或腐熟的有机肥。③调整播期，合理密植，收获后清除田间病残体，及时深翻，减少越冬病源数量。④及时拔出病株深埋处理，用2%菌克毒克水剂250~300倍液喷洒，视病情每隔7天喷施1次，共2~3次。

（2）药剂防治。①药剂拌种：播种前用种子重量0.3%的50%福美双可湿性粉剂拌种。②发病初期喷洒，可用下列药剂：72%农用硫酸链霉素可溶性液剂3 000~4 000倍液，或90%新植霉素可溶性粉剂3 000~4 000倍液，或30%碱式硫酸铜悬浮剂400倍液，或30%琥胶肥酸铜可湿性粉剂500~800倍液，或47%春雷霉素·氧氯化铜可湿性粉剂600~1 000倍液，或12%松脂酸铜乳油600倍液，或1∶1∶200波尔多液或30%绿得保悬浮液400倍液，均匀喷雾，每隔10~15天喷1次，视病情可喷1~3次。

（六）大豆孢囊线虫病

大豆孢囊线虫病又称大豆根线虫病、萎黄线虫病，俗称"火龙秧子"。

1. 发病条件

大豆胞囊线虫属专性寄生线虫，以卵在孢囊里于土壤中越冬，有的黏附于种子或农具上越冬，连作重茬以及土壤沙性、瘠薄、碱性是发病的重要原因。

2. 传播途径

土传病害。主要通过农事耕作、田间水流或借风携带传播，也可通过施入未腐熟堆肥或种子携带线虫远距离传播。

3. 为害部位

在大豆整个生育期均可发生，主要是根部。发病初期拔起病株观察，可见根上附有许多白色或黄褐色小颗粒，即孢囊线虫雌成虫，这是鉴别孢囊线虫病的重要特征。

4. 症状表现

根部染病根系不发达，侧根显著减少，细根增多，不结根瘤或稀少。地上部植株矮小、子叶和真叶变黄、花芽簇生、节间短缩，开花期延迟，不能结荚或结荚少。重病株花及嫩荚枯萎、整株叶由下向上枯黄似火烧状，严重者全株枯死。

5. 防治方法

（1）选用抗病品种。不同的大豆品种对大豆孢囊线虫有不同程度的抵抗力，应用抗病品种是防治大豆孢囊线虫病的经济有效措施，目前生产上已推广有抗线虫和较耐虫品种。

（2）合理轮作。与玉米轮作，孢囊量下降30%以上，是行之有效的农业防治措施，此外，要避免连作、重茬，做到合理轮作。

（3）搞好种子检疫，杜绝带线虫的种子进入无病区。

（4）药剂防治。可用含有杀虫剂的35%多克福大豆种衣剂拌种，然后播种。还可用涕灭威颗粒剂每亩4kg，或用3%呋喃丹颗粒剂每亩2~6kg，在播种前施于行内，或施用甲基异硫磷水溶性颗粒剂，于播种时撒在沟内，湿土效果好于干土，中性土比碱性土效果好，要求用器械施不可用手施，更不可溶于水后手沾药施。

二、大豆主要虫害防治

（一）大豆潜根蝇

大豆潜根蝇又称根潜蝇、豆根蛇潜蝇，俗称大豆根蛆、豆根蛇蝇、潜根蝇等。

1. 发生特点

大豆根潜蝇1年发生1代，以蛹在大豆根部（大豆根瘤内）或被害根部附近的土内越冬，蛹期长达10~11个月之久。主要在大豆苗期为害，食性单一，只为害大豆和野生大豆。5月下旬至6月下旬气温高，适宜虫害发生，连作，杂草多以及早播的地块为害重。

2. 为害部位

根部。

3. 为害症状

幼虫潜入大豆幼苗根部皮下蛀食,被害根变褐或纵裂,形成肿瘤,根瘤及侧根减少,根皮腐烂,形成条状伤痕。

4. 防治方法

防治原则是在做好预测预报的基础上,尽可能采用生物或物理等方法防除,以减少对环境的污染。

(1) 农业防治。①深翻轮作:豆田秋季深耕耙茬,深翻20cm以上,能把蛹深埋土中,降低成虫的羽化率;秋耙茬能把越冬蛹露出地表,经冬季低温干旱,使蛹不利羽化而死亡。轮作也可减轻为害。②选用抗虫品种。③适时播种:当土壤温度稳定超过8℃时播种,播种深为3~4cm,播后应及时镇压,另外,适当增施磷、钾肥,增施腐熟的有机肥,促进幼苗生长和根皮木质化,可增强大豆植株抗害能力。④田间管理:科学灌溉,雨后及时排水,防止地表湿度过大。适时中耕除草,施肥,并喷施促花王3号抑制主梢旺长,促进花芽分化,同时,在花蕾期、幼荚期和膨果期喷施菜果壮蒂灵,可强花强蒂,提高抗病能力,增强授粉质量,促进果实发育。

(2) 药剂拌种。用50%辛硫磷乳油对水喷洒到大豆种子上,边喷边拌,拌匀后闷4~6小时,阴干后即可播种。或种子用种衣剂加新高脂膜拌种。

(3) 土壤处理。用3%呋喃丹颗粒剂处理土壤,每亩用量1~66kg,拌细潮土撒施入播种穴或沟内,然后再播大豆种子;播种后及时喷施新高脂膜800倍液保温防冻,防止土壤结板,提高出苗率。

(4) 田间喷药防治成虫。大豆出苗后,每天16:00~17:00到田间观察成虫数,如每平方米有0.5~1头成虫,即应喷药防治。一般用40%乐果乳油按种子量0.7%拌种，成虫发生盛期也可用80%敌敌畏乳油1 000倍液加新高脂膜800倍液喷雾。或用80%敌敌畏缓释熏蒸，随后喷施新高脂膜800倍液巩固防治效果。

在成虫多发期为5月末至6月初，大豆长出第一片复叶之前进行第一次喷药，7~10天后喷第二次。

（二）大豆蚜

大豆蚜是大豆的重要害虫，以成虫或若虫为害。

1. 发生特点

成虫和若虫为害。6月下旬至7月中旬进入为害盛期。集中于植株顶叶、嫩叶和嫩茎。

2. 为害部位

叶片、嫩荚。

3. 为害症状

吸食大豆嫩枝叶的汁液，造成大豆茎叶卷曲皱缩，根系发育不良，分枝结荚减少。此外，还可传播病毒病。

4. 防治方法

（1）苗期预防。喷施35%伏杀磷乳油喷雾，用药量为每亩127g，对大豆蚜虫控制效果显著而不伤天敌。

（2）生育期防治。根据虫情调查，在卷叶前施药。20%速灭杀丁乳油2 000倍液，在蚜虫高峰前始花期均匀喷雾，喷药量为每亩20kg；15%唑蚜威乳油2 000倍液喷雾，喷药量每亩10kg；15%吡虫啉可湿性粉剂2 000倍液喷雾，喷药量每亩20kg。也可用40%乐果或氧化乐果乳油50g，均匀对入10kg湿沙后撒于大豆田间进行防治。

（三）大豆红蜘蛛

大豆上发生为害的红蜘蛛是棉红蜘蛛，也称为朱砂叶螨，俗名火龙、火蜘蛛。

1. 发生特点

大豆红蜘蛛的成虫、若虫均可为害大豆,在大豆叶片背面吐丝结网并以刺吸式口器吸食液汁。

2. 为害部位

叶。

3. 为害症状

受害豆叶最初出现黄白色斑点,种苗生长迟缓,矮小,叶片早落,结荚数减少,结实率降低,豆粒变小,受害重时,使大豆植株全株变黄,卷缩,枯焦,如同火烧状,叶片脱落甚至成为光杆。

4. 防治方法

(1) 农业防治法。保证保苗率,施足底肥,并要增加磷、钾肥的施入量,以保证苗齐苗壮,增强大豆自身的抗红蜘蛛为害能力;及时铲蹚除草,防治草荒,大豆收获后要及时清除豆田内杂草,并及时翻耕,整地,消灭大豆红蜘蛛越冬场所;合理轮作;合理灌水,或采用喷灌,可有效抑制大豆红蜘蛛繁殖。

(2) 药物防治法。防治方法按防治指标以挑治为主,重点地块重点防治。可选用20%扫螨净可湿性粉剂2 000倍液,或24.5%多面手乳油1 500倍液进行叶面喷雾防治。也可用40%乐果或氧化乐果乳油50g,均匀对入10kg湿沙后撒于大豆田间进行防治。

田间喷药最好选择晴天16:00到19:00进行,重点喷施大豆叶片的背面。喷药时要做到均匀周到,叶片正、背面均应喷到,才能收到良好的防治效果。

(四) 大豆食心虫

大豆食心虫俗称"小红虫"。不仅造成大豆减产,而且品质下降,严重年份达30%~40%。

1. 发生特点

以幼虫蛀入豆荚咬食豆粒，每年发生1代，以老熟幼虫在地下结茧越冬。翌年7月中下旬向土表移动化蛹，成虫在8月羽化，幼虫孵化后蛀入豆荚为害。7—8月降水量较大、湿度大，虫害易于发生。连作大豆田虫害较重。大豆结荚盛期如与成虫产卵盛期相吻合，受害严重。

2. 为害部位

豆荚。

3. 为害症状

一般从豆荚合缝处蛀入，咬食豆粒咬成沟道或残破状，豆荚内充满粪便，影响产量和品质。

4. 防治方法

（1）选用抗虫品种。

（2）合理轮作，秋天深翻地。

（3）药剂防治。施药关键期在成虫产卵盛期的3~5天后。可喷施2%阿维菌素3 000倍液，或25%灭幼脲1 500倍液。其他药剂如敌百虫、来福灵、功夫、敌杀死、溴氰菊酯等，在常用浓度范围内均有较好防治效果。在食心虫发蛾盛期，用80%敌敌畏乳油制成秆熏蒸，每亩用药100g，或用25%敌杀死乳油，每亩用量20~30mL，加水30~40kg喷施进行防治，效果好。

第六章 高 粱

第一节 高粱的播种技术

一、种子准备

(一) 良种选择的原则

1. 根据生育期选用良种

良种的生育期必须适合当地的气候条件,既能在霜前安全成熟,又不宜太短,以充分利用生长季节,提高产量。

2. 根据土壤、肥水条件选用良种

肥水条件充足的地块,宜选用耐肥水、抗倒伏,增产潜力大的高产品种。反之,贫瘠干旱地块,宜选抗旱耐瘠,适应性强的品种。

3. 根据用途选用良种

如食用、饲用、酿酒用等,分别选用专用高粱品种。如用于酿酒可选晋杂23等。

(二) 优质种子

所选用品种的种子质量要达到二级以上,纯度不低于95%,净度不低于98%,含水量不高于13%。

最好用包衣种子。采用种子包衣技术进行种子处理,将微肥、农药、激素等通过包衣剂包裹在种子上,可起到保苗、壮苗和防治病虫的作用。

二、土壤准备

(一) 高粱生长发育对土壤的要求

高粱对土壤的适应性较强,但喜土层深厚、肥沃、有机质丰富的壤土。其最适 pH 值为 6.2~8.0,故有一定的耐盐碱能力。耐盐碱能力低于向日葵、甜菜,但高于玉米、小麦、谷子和大豆。

(二) 轮作倒茬

高粱不能重茬。一是因为高粱吸肥能力强,消耗土壤养分多,特别是土壤中的氮素养分消耗多,导致土壤肥力下降;二是病虫害严重,尤其黑穗病严重。几种黑穗病的发生使土壤中的病原孢子增多,容易侵染种子而使高粱发病。故须轮作倒茬。高粱对前茬要求不太严格,如大豆、棉花、小麦都可以是高粱的良好前茬。

三、肥料准备

(一) 高粱的需肥规律

高粱是需肥较多的作物,在整个生育过程中需要吸收大量的养分。施肥应考虑高粱不同生育时期对养分的需要,还要结合当地具体条件,做到经济合理施肥。高粱对氮、磷、钾的需求比例为 1∶0.52∶1.37。高粱在不同生育时期,吸收氮、磷、钾的速度和数量是不同的,一般苗期生长缓慢,需要养分较少,苗期吸收的氮为全生育期的 12.4%、磷为 6.5%、钾为 7.5%。拔节至抽穗开花,茎叶生长加快,吸收营养急剧增加,吸收的氮为全生育期的 62.5%、磷为 52.9%、钾为 65.4%,该阶段是需肥的关键期。开花至成熟,植株吸收养分的速度和数量逐渐减少,吸收的氮为全生育期的 25.1%、磷为 40.6%、钾为 27.1%。

(二) 施肥

1. 基肥

高粱有耐瘠性，但如基肥充足，可使高粱生长健壮，产量高，故须在秋深耕时施入基肥，或结合播前整地施足基肥，保证苗齐、苗全、苗壮。基肥数量大时，在耕翻前撒施；数量小时条施。基肥结合秋深耕施用较春施效果好，因为肥料腐熟分解时间长，利于肥土相融，促进养分转化，并可避免春季施肥跑墒。基肥一般以农家肥为主，化肥为辅。

2. 种肥

种肥用量不宜过多，避免局部土壤浓度过大，影响种子发芽。种肥施用时，一定要注意种、肥隔离。

四、播种时期

适期播种是保证1次播种保全苗，争取高产丰收的重要技术环节。高粱的播种期主要受温度、水分、品种的影响。高粱播种过早对保苗、壮苗都不利。高粱发芽的最低温度为7~8℃，当5cm地温稳定在10~12℃、土壤含水量达最大持水量的60%~70%时开始播种较适宜，与此同时，还要根据土壤墒情具体安排，做到"低温多湿看温度，干旱无雨抢墒情"。另外，播种时期还应根据品种、土质等条件而定。如晚熟品种应适时早播，早熟品种应适时晚播。

五、播种方法

(一) 播种方法

高粱的播种方法有2种：首先是等行距条播，行距一般为50~60cm；其次是大垄双行种植。

(二) 提高播种质量

高质量的播种要求播量适宜，下种均匀，播行齐直，播深合适。其中播种深浅影响最大。播种过深，根茎生长消耗种子营养多，幼苗细弱，生长缓慢；播种过浅，易使种子落干，出苗不齐不全。

播种量应根据品种、留苗密度、种子质量、播期和播种方法等而定。一般出苗与留苗数之比为 5∶1 较为适当。

播后要及时镇压保墒，压碎土块，减少大孔隙，使种子与土壤密接，促进种子吸水发芽。

第二节　高粱的田间管理

一、苗期管理

(一) 破除板结

出苗前，如田面因雨水形成板结影响出苗，可用轻型钉齿耙破除板结，耙地深度以不超过播种深度为限，以免土壤干燥影响发芽。

(二) 间苗、定苗

一般 3 叶间苗，4 叶定苗，如病虫害严重时，5 叶定苗。

(三) 中耕

中耕是促根壮苗的有效措施，一般在拔节前进行两次，第一次结合定苗浅锄 5~7cm，防止埋苗。第二次在拔节前深锄 13~17cm，切断浅土层中的分根，促使新根大量发生，并向下深扎，增强吸收力，使植株矮壮敦实，叶肥色浓。对于秆高易倒伏的杂交高粱，可在拔节前多进行深中耕，控制生长。

(四) 蹲苗

作用是适当控制苗期地上部生长，促进根系发育，培育壮苗，防止后期倒伏。

方法是在地肥墒足，叶绿苗壮的前提下不追肥浇水，只进行中耕，控制地上茎叶徒长。

蹲苗一般从定苗开始到拔节前结束，经历15~20天。

二、拔节孕穗期管理

（一）重追拔节肥

拔节至抽穗是高粱需肥最多，发挥作用最大的时期，追施速效氮肥可获得增产效果。高粱追肥采用前重后轻的原则，一般拔节期，即7~8个展叶时施肥2/3以攻穗，孕穗期，即13~14片叶时施肥1/3以攻粒。

（二）适时浇水

高粱虽有抗旱能力，但拔节后，气温高生长快，蒸腾作用旺盛，抗旱能力减弱，同时，地面水分蒸发量也增大。因此，拔节孕穗期，应在追肥后根据降水情况，适时浇水，使土壤水分保持田间最大持水量的60%~70%。

（三）中耕培土

拔节孕穗期追肥浇水后，应及时进行中耕。一般在拔节，孕穗期各进行1次，深7cm左右，并进行培土，对拔节过猛的，在拔节期追肥浇水后深中耕10~13cm，控制茎秆生长，防止后期倒伏。

三、抽穗结实期管理

（一）浇灌浆水

开花灌浆期高粱仍需足够的水分，此期土壤水分宜保持最大持水量的50%~60%，如遇干旱，还须适量灌水，以防叶早枯。

（二）看苗追肥

高粱抽穗以后，如有上部叶片颜色变淡，下部黄叶增多，出现脱肥的田块，可酌施少量"攻粒"肥，但肥量不宜过多，防止贪青晚熟，也可根外喷1%尿素水，有防早衰增粒的作用。

(三) 浅锄

在无霜期短的地区,高粱成熟期常出现低温,造成贪青晚熟,以致遭受霜害,或因低温诱发炭疽病而减产。因此,在乳熟期浅中耕,既可提高地温,促进成熟,使籽粒饱满,又能清除田间杂草,多纳秋雨,为后茬作物的播种创造良好条件。

(四) 适当使用生长调节剂

对高粱起促熟增产作用的植物激素主要有乙烯利、石油助长剂、三十烷醇等。

第三节 高粱病虫害防治

一、高粱主要病害防治

(一) 高粱黑穗病

高粱黑穗病是多发病害,减产幅度通常在 3%~10%,发病较重的可达 80%,是高粱生产上重点防治的病害。包括丝黑穗病、散黑穗病、坚黑穗病。

1. 发病条件

土壤温度及含水量与发病密切相关。土温 28℃、土壤含水量 15% 病率高。春播时,土壤温度偏低或覆土过厚,幼苗出土缓慢易发病。连作地发病重。

2. 传播途径

种子和土壤带菌传播。坚黑穗病和散黑穗病以种子传播为主,丝黑穗病主要是土壤传播。

3. 发生部位

穗部。

4. 症状表现

生育前期受丝黑穗病菌严重侵染时,于叶部生有大小相等的红色菌瘤，瘤内充满黑粉。受害的高粱植株一般比较矮小，高粱穗比正常的高粱细。个别主穗不孕，分枝产生病穗；或者分枝和侧生小穗为病穗。

散黑穗病一般为全穗受害，但穗形正常，籽粒变成长圆形小灰包，成熟后破裂，散出里面的黑色粉末。

坚黑穗病全穗籽粒都变成卵形的灰包，外膜坚硬，不破裂或仅顶端稍裂开，内部充满黑粉。

5. 防治方法

（1）因地制宜地选用抗病良种。

（2）实行3年以上轮作，以减少土中菌量，这是防治黑穗病的重要措施。

（3）适时播种，拔除田间病株，深埋烧毁秸秆等。

（4）药剂拌种。每100kg种子混合25%粉锈宁可湿性粉剂0.4kg，或50%多菌灵可湿性粉剂0.7kg，或40%拌种双可湿性粉剂0.21kg，加适量水后拌种。拌种要均匀，拌后一般堆闷4小时，阴干后即可播种。

（二）高粱立枯病

1. 发生条件

5—6月多雨的地区或年份易发病，低洼排水不良的田块发病重。

2. 传播途径

以菌丝体或菌核在土壤中越冬，是土传病害。

3. 发病部位

幼苗、根部。也为害玉米、大豆、甜菜、陆稻等多种作物的幼苗或成株，引致立枯病或根腐病。

4. 症状

多发生在2~3叶期，病苗根部红褐色，生长缓慢。病情严重时，幼苗枯萎死亡。

5. 防治方法

（1）实行大面积轮作。

（2）采用高垄或高畦栽培，避免大水漫灌和雨后积水，苗期注意松土，增加土壤通透性。

（3）适期播种，不宜过早。

（4）提倡采用地膜覆盖和种衣剂包衣。

（5）药剂防治。发病初期选用50%甲基硫菌灵（甲基托布津）可湿性粉剂500倍液，或50%多菌灵可湿性粉剂500倍液，或3.2%恶霉甲霜灵水剂300~400倍液，或95%绿亨1号（恶霉灵）精品4 000倍液喷洒或浇灌，也可配成药土撒在茎基部。

（三）高粱炭疽病

高粱炭疽病为高粱主要病害之一，高粱各产区都有发生。

1. 发病条件

多雨年份或低洼高湿田块普遍发生，7—8月低温、雨量偏多流行为害。高粱品种间发病差异明显。

2. 传播途径

病菌随种子或病残体越冬。翌年田间发病后，苗期发病可造成死苗。成株期发病病斑上产生大量分生孢子，借气流传播，进行多次再侵染。

3. 发生部位

幼苗到成株，同时，为害小麦、燕麦、玉米等作物。

4. 症状

叶片染病病斑呈梭形，中间红褐色，边缘紫红色；叶鞘染病病斑较大呈椭圆形，后期密生小黑点；侵染幼嫩的穗颈，形成较大的病斑，易造成病穗倒折。严重时，为害穗轴和枝梗或茎秆，造成腐败。

5. 防治方法

（1）选用抗病品种，是防病的根本。

(2) 收获后及时深翻,把病残体翻入土壤深层,以减少初侵染源。

(3) 实行大面积轮作,增施充分腐熟的有机肥,在第三次中耕除草时追施硝酸铵等,防止后期脱肥,增强抗病力。

(4) 药剂拌种。用种子重量0.5%的50%福美双粉剂或50%拌种双粉剂或50%多菌灵可湿性粉剂拌种,可防治苗期炭疽病发生。

(5) 在病害流行年份或个别感病田,从孕穗期开始喷洒50%氯溴异氰尿酸(消菌灵)可溶性粉剂1 000倍液,或36%甲基硫菌灵悬浮剂600倍液,或50%多菌灵可湿性粉剂800倍液,或50%苯菌灵可湿性粉剂1 500倍液,或25%炭特灵可湿性粉剂500倍液防治。

二、高粱主要虫害防治

(一) 高粱蚜虫

蚜虫是为害高粱的主要虫害,有高粱蚜、麦二叉蚜、麦长管蚜、玉米蚜、禾谷缢管蚜、榆四条绵蚜,其中,为害严重的是高粱蚜。

1. 发生特点

高粱蚜以卵在荻草上越冬,当6月高粱出苗后,迁入高粱田繁殖为害,苗期呈点片发生。7月高温多湿的天气,高粱蚜为害较大。

2. 为害部位

叶片背面。

3. 为害症状

成虫和若虫聚集在高粱叶背面,刺吸汁液,由下部叶片逐渐蔓延到茎和上部叶片,分泌出大量蜜露,影响植株光合作用的正常进行,轻的使叶片变红,重的导致叶枯,穗粒不实或不能抽穗,造成严重减产或绝收。

4. 防治方法

(1) 高粱与大豆6∶2间作,可明显减少高粱蚜发生及为害。

(2) 早期消灭中心蚜株,方法可轻剪有蚜底叶,带出田外销毁。

(3) 药剂防治。①每亩用40%乐果乳油50g,对等量水均匀拌入10~13kg细沙土内,配制成乐果毒土,在抽穗前扬撒在高粱株上。或用40%乐果乳剂,对水50~80倍药液涂茎;②可喷0.5%乐果粉剂2 000倍液或50%辟蚜雾可湿性粉剂6~8g,对水50~100kg喷雾。

杂交高粱茎秆含糖量高,在干旱高温时,易发生蚜虫为害,应在成熟前1个月用45%的乐果乳油50mL对水40kg喷洒防治,以免药剂残留,或用菊酯类农药稀释喷射叶背面。

(二) 黏虫

黏虫又名粟夜盗虫、剃枝虫,行军虫等,是农作物的主要害虫。

1. 发生特点

黏虫是一种比较喜潮湿而怕高温和干旱的害虫,黏虫产卵最适温度一般为19~22℃,适宜的田间相对湿度是75%以上,所以,温暖高湿,禾本科植物丰富有利于黏虫发生;水肥条件好、长势茂密的田块虫害重;干旱或连续阴雨不利其发生。

黏虫以成虫、幼虫为害,主要发生于5—6月高粱苗期。小麦等收获后,很快转移到套种的玉米或高粱田及麦田附近的杂粮上。幼虫多在早晚活动,具有群聚性、迁飞性、杂食性和暴食性的特点。成虫昼伏夜出,对糖醋液和黑光灯有较强趋性,产卵具有趋枯性。

2. 为害部位

高粱叶、茎、穗。

3. 为害症状

4—6龄幼虫进入暴食时期，将高粱叶片、茎秆全部食光，只剩下叶脉，造成严重减产。

4. 防治方法

（1）诱杀成虫。用糖醋盆、杨树草把、黑光灯，降低虫口。

（2）药剂防治。主要是掌握好施药时间，在黏虫2~3龄幼虫时选用菊酯类农药叶面喷雾，每亩用2.5%敌杀死、2.5%功夫乳油或4.5%高效氯氰菊酯20~30mL对水30kg均匀喷在高粱上；或在收获前15天用20%杀虫畏乳油500~1 000倍液或5%杀虫畏粉剂，每亩2kg；收获前20~30天用50%久效磷乳油2 000倍液喷防，每亩1~1.5kg。有条件的可选用48%毒死蜱乳油，每亩30~60mL对水20~40kg喷雾或30~40mL对水400mL进行超低量喷雾，对该虫有特效，一个生育期用药1次即可见效。

（三）地下害虫的防治

1. 为害特征

高粱幼苗易被地老虎、蝼蛄、蛴螬和金针虫等为害，常吃掉种子，为害幼苗的根、茎，造成缺苗断垄，严重的犁去再种，仍不能全苗。

2. 防治方法

（1）拌种。每100kg种子可用20%甲基异柳磷乳油250mL对水10L，拌种后堆闷4小时以上，晾干后播种。

（2）毒饵。用麦麸、秕谷、棉饼炒熟，也可用鲜草，按1kg 3911拌饵料200kg，加水适量，充分拌匀后，于傍晚撒于地表，每亩施用量2.5~3.5kg，防治蝼蛄、蛴螬，效果较好。

第七章 甘 薯

第一节 甘薯的育苗技术

一、甘薯的萌芽习性及薯苗生长需要的条件

(一) 甘薯的萌芽习性与发芽的关系

薯块具有很强的发芽特性，只要具备萌芽所需要的条件，就能够萌芽生长。薯块的不定芽是从不定芽原基萌发而来的，在薯块膨大过程中就已经分化形成，成为潜伏状态，因此，称潜伏芽。薯块不定芽原基的数量及其萌芽习性差异很大。

1. 品种因素

不同品种的薯块，不定芽原基的数量多少、幼芽分化的快慢、营养物质的转化状况均有所不同，萌芽快慢与萌芽数量有很大差别。如徐薯18、豫薯7号等出苗快而多；宁薯1号、济薯10号出苗慢而少。

2. 薯块不同部位

薯块顶部具有顶端生长条优势的特性，萌芽时，薯块内部的养分多向顶部运转，所以，薯块顶部发芽多而快，占发芽总数的65%左右；中部较慢而少，占26%左右；尾部最慢最少，占9%左右。薯块的阳面（向上的一面）发芽出苗的比阴面（向下的一面）多，因阳面接近地面，空气和温度等条件比阴面好，不定芽分化发育较多而好。

3. 薯块大小

同一品种，薯块大的薯苗生长粗壮，薯块小的薯苗生长细弱。同重量的薯块，大薯出苗数少，小薯出苗数多。过大的薯块育苗会造成浪费，过小的薯块薯苗会比较细弱。因此，在生产上以用中等薯块育苗较好。

4. 栽插季节及储藏条件

与春薯相比，夏薯生长期短，生活力强，耐储藏，感病轻，出苗早而多。采用高温愈伤处理储藏的种薯或在育苗前采用高温催芽的种薯，除有防病效果外，还能促进薯块不定芽原基的分化，因此，出苗快而多。储藏期温度低，不仅会延缓薯块发芽时间，降低发芽能力，还会因冷害导致种薯腐烂。储藏期遭水浸泡或受湿害的薯块，发芽晚而少，甚至不发根不萌芽，种薯很快腐烂。

（二）薯块发芽和薯苗生长需要的条件

1. 温度

苗床温度在 20~35℃，温度越高，萌芽越快、越多，提高苗床温度可解除薯块的休眠状态，促进幼芽萌发，发芽最适宜的温度是 29~32℃。超过 35℃对幼苗生长有抑制作用。薯苗生长的适宜温度为 25~28℃。

2. 水分

床土的水分多少与薯块发根、萌芽、长苗的关系密切。在温、湿度正常情况下，薯块先发根后萌芽；如温度适宜，水分不足，则萌芽后发根或不发根；如床土过于干燥，则薯块既不发根也不萌芽。出苗后，床木水分不足，根系难以伸展，幼苗生长慢，叶片小，茎细硬，形成老小苗；水分过多，幼苗生长快，形成弱苗。苗床湿度过大会影响床土通气性，尤其是在高温、高湿条件下，不仅影响出苗，而且会导致种薯腐烂。在薯块萌芽期以保持床土相对湿度应在 80% 左右，使薯皮始终保持湿润为宜。在幼薯生长期间以保持床土相对湿度70%~80%为宜。

3. 空气

苗床氧气不足，薯块呼吸作用受到阻碍，严重缺氧，被迫进行缺氧呼吸而产生酒精，进而因酒精积累中毒，导致薯块腐烂。因此，在育苗过程中，苗床应始终保持氧气供应充足的状态，确保薯苗的正常萌芽和生长。

4. 光照

在薯块萌芽阶段，充足的光照能提高苗床温度，促进发根、萌芽。在长苗阶段，光照充足有利于培育壮苗。若光照不足，光合作用减弱，薯苗叶色黄绿，组织嫩弱，发生徒长，不易栽插成活。

5. 养分

养分是薯块萌芽和薯苗生长的物质基础。育苗前期所需的养分，主要由薯块本身供给，随着幼苗生长，逐渐转为靠根系吸收床土中养分生长。头茬苗采完后，薯块里的养分逐渐减少，薯苗生长缓慢，叶片小，叶色淡黄，植株矮小瘦弱，根系发育不良。因此，在育苗时应采用肥沃的床土并施足有机肥，育苗中、后期适量追施以氮肥为主的速效性肥料。

二、育苗准备

为了保证甘薯适时、育足、育壮苗，要制订好育苗计划并提前做好准备工作。育苗基地应根据甘薯种植面积、需苗数量、供苗时间等进行安排。制订育苗计划还要考虑品种出苗的特性、育苗手段等。要使排薯的数量与计划种植面积或计划供苗量相符合，育苗所用种薯数量与苗床面积相符合，育苗所用的物资与苗床面积相符合。

(一) 物资准备

育苗前要准备好育苗需要的塑料农膜、草苫、酿热物或燃料、沙土、拱棚支架、砖坯、作物秸秆、温度计及种薯等物资。如塑料农膜按每 10m² 苗床需 1.5kg 左右计算。

（二）育苗场所准备

育苗场所要选择地势高、阳光充足、靠近水源、有利排水、土壤疏松和 3 年以上没有种植过甘薯的肥沃地块，在冬季或早春结合施足基肥，深翻、耙碎整平，做成宽畦。

育苗地面积按每平方米实地排种薯 18~20kg 计算，除去走道和大棚间距等，排种用地实占苗床总面积的比例为 75% 左右，每亩育苗地排种薯仅占地 500m²，实排种薯约 9 000kg。

（三）种薯准备

育种量根据供苗时间、供苗量、栽插期、栽插次数、育苗方法以及品种出苗的特性、种薯质量来确定。一般每亩春薯大田需种薯量 50~60kg。专业育苗户还应根据供苗合同及预测供苗量确定下种量。种植大户育苗需根据种植面积和育苗方法来确定育苗的种薯量。

三、育苗方式

育苗方式有很多，主要有大棚、火炕、阳畦、太阳能温床、双膜育苗、电热温床、地上加温式塑料大棚等育苗方法。北方寒冷地区选用加温式火炕塑料大棚（或土温室）、温室大棚、土温室、改良火炕等，中部地区和南方地区育苗可用冷床育苗。

（一）火炕塑料大棚育苗

每座大棚一般长 10m、宽 6m，可育种薯 1 500kg 左右，外观与蔬菜大棚温室相似，只是棚的长度为普通温棚的 1/5，地面以下设 8 条回龙火道与火灶连接。这种育苗方法．将甘薯育苗所需的光、水、气、热统一起来，能充分利用时间，可提早育苗，出苗快、出苗多，并能进行多级育苗，扩大繁苗系数。适宜北方薯区繁殖优良品种薯苗和春薯区专业户甘薯育苗。

(二) 日光温室育苗

日光温室的建造地址应选择交通便利、水源近、光照充足的地方。温棚坐北朝南，东西延长，南北净跨度 6m，东西长 50~60m，顶高 2.8m，前屋面呈拱形，拱杆间距 1.2m，拱架与地面切线角 60°，平均屋面角 23°~25°。拱杆下端由水泥墩固定，上端直接插入后墙里。拱杆间由 3 道钢筋焊接，使之成为一体。后墙高 1.8~2m，土墙厚度 1m，或 0.5m 空心砖墙。棚膜用厚度为 0.08~0.12mm 的无滴长寿膜撑紧，四周固定牢固，拱杆间膜上用压膜带压紧，膜上备置一层草苫。

(三) 回龙火炕育苗

火炕育苗是春薯区的主要育苗方式，常见的形式从火炕上分，有一火一炕、一火多炕。炕长 4.5~6m、宽 1.5~2m，一般长为宽的 3 倍。下挖 10cm，将土建成炕墙，墙厚 30cm。顺炕的方向中间挖 1 条宽 25cm 的主火道。通灶口处深为 60cm，炕尾深 30cm，主火道到头分支向两侧折回，拐角处深为 25cm，折回后深 20cm，主火道溜底棚 25cm^3 的火道，回火道溜低棚 20cm 高的火道。于炕首外侧挖烧火炕并建炉灶，在墙外先挖 1 个 1.3m^3、1.6m 深的火炕，距炕边 50cm 处砌 1 个炉灶。炉顶部略低于火道底部。每炕用煤约 100kg。灶顶要低于火道底部，使其与火道有较大的坡度。主火道挖好后，即可在火道沟上密铺秸秆用麦秸泥糊严，在主火道 100cm 内应铺 3 层秸秆抹 3 层泥，100~160cm 可减为各 2 层，以后为各 1 层。主火道盖好后再挖回火道，并在墙外回烟道修好烟囱。然后松土，填床土整平即可，再生火升温，排薯。出苗后，火炕上再拱塑料薄膜。

(四) 电热温床育苗

电热温床育苗是利用电热线加温的一种育苗方法，具有温度均匀、升温可靠、降低成本和便于管理等优点。

选择北方向阳、地势稍高而又平坦、靠近水源和电源的地方建造苗床。一般苗床长6.3m，宽1.5m，深23cm。床墙高40cm，厚23~26cm。床底填13cm厚的碎草，草上铺1层牛马粪，或把碎草和牛马粪等酿热材料加水掺匀填放在苗床底层，在酿热层上铺7cm厚筛细的床土，踩实整平。用两块长度等于苗床宽度的小木条板，按中间稍稀、两边稍密的线距钉上钉子，放在苗床两头固定好，然后用20#铅丝电热线，在7.95m²（5.3m×1.5m）的温床上布电热线，可布线30圈，线距为5~10cm。若用DV21012型1 000W地热线，布线距离可扩大到6.6~9cm，可满足10m²育苗面积。要求布线平直，松紧一致，通电检查合格后覆3cm厚的床土压住电热线，再把木板翻转取出，随即浇水、覆盖塑料薄膜和草苫，通电加温达到要求的温度后进行排种。电热线的长度是根据电热线的型号、功率确定的，不得随意截短。如北京生产的20#铅丝电热线，电压为220V，电流为5A，功率为1 100W，线长160m。如截短则电流加大，会引起烧线。至于布线距离，则根据需要而定，如要求升温快，则线距缩小；反之，线距可放大。大床可布两根电热线，进行并联（电压220V），或用3根电热线进行星形联结（电压380V）。

使用电热线应该注意：①电热线不能直接布在马粪上，也不能整盘做通电试验，以免烧线；②在进行测温或管理薯炕时，应先停电；③苗床排种前，要做通电试验，若指示灯不亮或电线不热，须查清原因，及时补救；④电热线外皮有破损之处，要包上塑料绝缘胶布，以防烧焦；⑤育苗结束收线时，要先清除炕土，再把电热线绕在板上，禁止用铁锨挖炕土，也不可硬拉线，取出线后，应洗净、包好，以防老化。

（五）地上加温式塑料大棚育苗

为了省工、方便，简化火炕大棚加温设施，育苗基地可将地下加温式火炕塑料大棚改为地上加温式育苗大棚，大棚外观同上述火炕大棚。

大棚地面中间建类似平卧烟囱式的火道。可用3cm厚的特制薄土坯或机瓦砌成40cm见方的简易火道，也可用直径15~20cm陶瓷管架设。火道可设在大棚中线位置，也可沿大棚前后墙和两山墙架设。建火道时应注意火道侧不触墙，下不触地。火道下边用立砖支起，保持有1%~2%的坡度。火道首端棚外砌火灶，火灶数量根据火道的长度可建1个或数个。火膛与火道相接处坡度为45°。棚内火道首端温度很高，可建1个假火灶置于大锅，热水既能增加棚内湿度与温度，又能供应苗床补浇温水。在火道末端墙外建170~200cm高的烟囱。烟囱最好设在后墙或两山墙处，以防遮光。排薯前现预热苗床30℃，排薯后烧大火，白天充分利用阳光加温，晚上充分利用火道加温，当床土温度上升到33℃时封火，床温升到35~37℃，保持3~4天，床温下降到30~32℃，保持到出苗。当苗高6℃时，温度下降到25~28℃剪苗前温度下降到20℃左右。

（六）塑料大棚（大型拱棚结构）育苗

有竹木骨架结构和钢筋结构2种类型，一般每个大棚面积为300~334m^2，可育种薯4 000kg左右。这种育苗方法适应春薯区大规模商品苗育苗。在北方寒冷早春利用温室大棚育苗时，为提高温度，可在棚内苗床上面搭小拱棚，在拱棚内苗床表面上盖一层地膜，也可在种薯下面适当铺放些酿热物，出苗效果也很好。若在棚上加覆尼龙防虫网，可进行脱毒甘薯繁苗、育苗。

（七）小拱棚冷床双膜育苗

春夏薯区、烟薯套或两薯套或麦薯套种区可用冷床双膜育苗法。所谓"双膜"育苗，是指出苗前除了在苗床上边搭小拱棚所需用的一层塑料薄膜外，苗床上再盖一屋地膜或常用膜，用以增加床温的一种育苗方法。苗床选用水肥地，施足基肥，整好地。建畦宽1m，长不限，在出齐苗时揭去床苗地膜，其他不变，用这种方法一般提早出苗3~5天，增加20%~30%的出苗量。为了提早育苗，这种方法也适用于在塑料大棚内应用。应用时应注意两点：一是在苗床上撒些作物秸秆再盖地膜，4周不宜压实，以免缺氧烂种影响出苗；二是在齐苗时及时揭去地膜，以防"烧芽"，并且要注意适时两端通风，棚内气温不超过35℃。

在上述育苗方法中，无论采用哪种方式，关键是如何保证苗床有一个较高的温度环境，并注意平摆、稀摆薯，低温炼苗，早出壮苗。

(八) 地膜覆盖夏薯采苗圃

为夺取夏薯高产，及早栽上秧头苗，于夏薯栽前45天左右，从苗床上剪取壮苗，栽好采苗圃，注意选择水肥地，施足肥料，整好地。

1. 畦栽

畦面宽1m、长10m，先浇透水，后覆膜，再按一畦6行，株距17~20cm，每亩1.6万~2万株栽插。注意栽苗时做到根土密接，薄膜四周压实。

2. 垄栽

按宽50cm、高10cm起成垄，先按一垄双行，株距15cm栽苗，后覆膜，四周压紧，然后放水浇透垄土。苗床管理上应注意适时打顶，勤浇水，分枝长到25cm长可以采苗，采苗后，如需继续采苗，可待叶片无露水及时施肥（每10m施尿素0.3kg）浇水。

四、选种和排薯

(一) 种薯精选与处理

"好种出好苗"，种薯的标准是具有本品种的皮色、肉色、形状等特征，无病、无伤，没有受冷害和湿害。薯块大小均匀，块重150~250g为宜。排薯前为防止薯块带菌，排薯前应进行处理，用51~54℃温水浸种10分钟，或用70%甲基托布津（或

50%多菌灵）500倍液浸种5~10分钟。

(二) 排种浇水覆土

采用大棚加温或用火炕或温床育苗，应在当地薯栽插适期前30~35天排种；采用大棚加地膜或冷床双膜育苗于栽前40~45天排薯。排种前，在苗床上铺一层无病细沙土。排种时要注意分清头尾，切忌倒排，大小分开，平放稀排，保持种薯上齐下不齐（以利覆土厚薄均匀）。一般种薯间留空隙1~2cm，能使薯苗生长茁壮，要达到适时用一茬、二茬苗栽完大田，每亩用种量为50~75kg。排种密度不能过大，每亩15~20kg为好。种薯的大小以0.15~0.2kg比较合适。排种后浇足水，覆3~5cm厚的沙壤土，再在上面盖一层地膜或农膜（注意地膜与床面不能贴得过紧，以防缺氧造成烂种）。

五、苗床管理

苗床管理的基本原则是"以催为主，以炼为辅，先催后炼，催炼结合"。

(一) 温度

1. 前期高温催芽（1~10天）

种薯排放前，加温预热苗床至30℃左右，排薯后使床温上升到35~37℃，保持3~4天，然后降到32~33℃。

2. 中期平温长苗

待齐苗后，注意逐渐通风降温，床温降至25~28℃棚温短时不超过40℃，棚温前一阶段的温度不低于30℃，1周以后逐渐降低到25℃左右。

3. 后期低温炼苗

当苗高长到20cm左右时，栽苗前5~7天，逐渐揭膜通风炼苗，使苗床温度接近大气温度，以利栽插成活。

4. 正确测量温度

市售温度计有的误差较大,应校正后再用。测温点应分别设在苗床当中、两边和两头。火炕的高温点是进火口和回烟口,找出全床的高温点和低温点,便于安全管理。温度计插在苗床上不宜过深或过浅,以温度计下端与种薯底面相平为宜。盖薄膜的苗床,注意测量膜内苗茎尖层的温度,防止温度过高烧伤薯苗。

(二) 浇水

排种后盖土以前要浇透水,浇水量约为薯重的1.5倍。采过一茬苗后立即浇水。掌握高温期水不缺,低温炼苗时水不多,酿热温床浇水量要少,次数多些。

(三) 通风、晾晒

通风、晾晒是培育壮苗的重要条件。在幼苗全部出齐,开始展新叶后,选晴暖天气的10:00—15:00适当打开薄膜通风降温,剪苗前3~4天,采取白天晾晒、晚上盖,达到通风、透光炼苗的目的。

(四) 追肥

每剪采1茬苗,结合浇水追1次肥。选择苗叶上没有露水的时候,追施尿素,每10m。一般不超过0.25kg。追肥后立即浇水,迅速发挥肥效。

(五) 采苗

薯苗长到25cm高度时,及时采苗,否则薯苗拥挤,下面的小苗易形成弱苗,并会减少下一茬出苗数。采苗用剪苗的方法,可减少病害感染传播,还能促进剪苗后的基部生出再生芽,增加苗量,以利下茬苗快发。

第二节 甘薯的栽插技术

一、壮苗适时栽种

采苗前5~7天逐渐揭膜炼苗,在常温条件下炼苗。壮苗标准:春薯苗长20cm左右,展开叶片7~8片,叶色浓绿,顶3叶齐平,茎粗节短无病斑。根原基多,百棵苗鲜重0.5~0.75kg。壮苗扎根快、成活率高、结薯早、耐旱能力强,据各地试验,壮苗比弱苗增产10%~15%。

大田在5cm地温稳定在16℃以上时即可栽种,趁墒适时栽种是旱地成功的保苗经验。但若栽期长期缺墒,需抗旱栽种,栽时加大浇水量。夏薯抢时早栽是充分利用高温期的热量和光能资源、夺取高产的重要措施。据试验资料分析,夏甘薯每早栽1天,可增加有效积温10℃以上,1℃有效温度每亩可增加鲜薯3kg左右。

采苗后将薯苗捆成捆,薯苗基部6cm左右放入蘸上稀泥,栽前暂放阴凉处,护根防脱水,以利栽插成活。据观察,拉泥条的薯苗扎根快、返苗快、成活率高。茎线虫病区栽时将30%辛硫磷微胶囊剂等按1:5的比例配好后,再将薯苗基部10~15cm完全浸入药液中,使药液充分附着在薯苗表面,蘸根5分钟,可有效防治甘薯茎线虫病。

栽种方法采用留3叶栽植法,封土时地上部分只留苗上部3片展开叶,下部4节带叶子在封土时埋入土内,以利于扎根缓苗。在墒情好时,采用水平栽浅插,可提高结薯数量和薯块产量。在严重干旱时,采用直栽法可提高薯苗成活率。

二、合理密植

一般情况下栽插期早的密度小些，栽插期晚的密度大些；甘薯品种为大叶型的密度小些，甘薯品种为小叶型的密度大些；品种株型紧凑的密度大些，品种株型松散的密度小些；土壤肥力水平高的密度小些，土壤肥力水平低的密度大些；大田浇灌条件好的密度小些，大田浇灌条件差的密度大些；南方等光照强的区域密度小些，北方等光照弱的区域密度大些；鲜食用甘薯密度大些，工业淀粉用甘薯密度小些。一般北方单行垄作春薯密度为3 000~3 300 株/亩、夏薯为3 300~3 500 株/亩，南方秋薯和冬薯密度相对大些，大面积为4 000~6 000 株/亩。

第三节 甘薯的田间管理

一、前期管理

从栽植至有效薯数基本形成为生长前期（发根分枝结薯期），春薯为栽后至60~70天，夏薯为栽后20天左右。本期末茎叶进入封垄期，茎叶覆盖地面，叶面积系数一般达1.5左右，高产地块达2.5。主攻目标是根系、茎叶生长，管理的核心是保证苗全、苗匀、苗壮。

（一）查苗补栽，消灭小苗、缺株

栽后1周左右及时查苗补苗，补苗选用壮苗在下午或傍晚时补栽。最好在田头与大田同时栽一些预备苗以便补缺时用，补苗时将预备苗浇水后连根带湿土挖出，放入缺苗处穴内，浇水封土即可。

(二) 及早中耕除草

1. 人工中耕除草

应从栽插成活后至封垄前，中耕 1~2 遍，中耕最好在草芽萌发后进行，先深后浅，免留"围根草""卡脖泥"，确保甘薯茎叶封垄前田间无杂草。此外，雨后地表发白时中耕有松土保墒的作用。

2. 化学除草

使用除草剂能大幅度降低劳动成本，提高除草效率，节约大量的劳动力，减少除草作业对薯垄的破坏。薯苗在沾染少量除草剂后会使叶片出现枯斑甚至整片叶枯萎，顶端生长缓慢，施用时尽量不要喷到薯苗上。

3. 秸草地面覆盖

甘薯栽后每亩覆盖 300~400kg 的麦糠麦秸等秸秆，有利于保墒、减少杂草，并能增加土壤有机质、改善透气性。

二、中期管理

从结薯数基本稳定至茎叶生长达高峰为生长中期（蔓薯并长期），春薯在栽后 60~100 天，夏薯在栽后 35~70 天。本期末叶面积系数达到高峰值 4.0~4.5，本期主攻目标是地上、地下部均衡生长。管理的核心是茎叶稳长，群体结构合理，根据茎叶生长特征看苗管理。

1. 防旱排涝

当叶片中午凋萎，日落不能恢复，持续 5~7 天的，有水利条件的可浇半沟水。2013 年，河南省汝阳县春薯在长期干旱的情况下，每浇 1 次水，每亩可增产鲜薯 500kg 左右。遇到多雨季节，使垄沟、腰沟、排水沟"三沟"相通，保证田间无积水。

2. 提蔓不翻蔓

长期阴雨天造成土表潮湿，接触土壤薯蔓的节间处容易产生细根,有些可以膨大成块根,造成养分分流,为减少这种损失,传统上通过翻蔓切断这种根系,让叶片朝下,架空茎部,不使其接触地面。多处试验结果表明,翻蔓会造成不同程度的减产,翻秧2~3次,减产2~3成。原因为:翻蔓打乱了均衡的茎叶分布,藤蔓反转后需要大约1周时间,光合作用效能降低;甘薯生长中后期藤蔓相互交织在一起,有些往往跨过几垄,逐个分离很困难,翻蔓时容易折断薯蔓、扯掉薯叶,导致产量降低;再者目前甘薯育种单位均不采用翻蔓措施,新品种是在不翻蔓条件下选出的,适合自然生长状态,不需要费力费时进行翻蔓。甘薯藤蔓正确的管理方法是在前期结合除草适当提蔓,减少藤蔓扎根,使得后期能够接触地面的藤蔓所占比例不高,大部分悬空生长,一般扎根现象并不严重。

3. 控制旺长

在薯蔓并长期,如果氮肥过量、雨水过多、土壤湿度大、通气性差,再加阴雨天气多,易引起茎叶旺长。凡茎尖突出、茎叶繁茂、叶色浓绿、叶柄长为叶宽的2.5倍以上、叶面积系数超过5的,可认定为旺长田。对旺长田管理的措施是提蔓、不翻秧、不摘叶;喷洒1~2次0.2%~0.4%磷酸二氢钾液;每亩用15%的多效唑100~150g,对水60kg,叶面喷打化控1~2次。水肥地应适当早控。

4. 防止早衰

脱肥田叶片黄化过早,叶面积系数不足3.5,可喷施1%的尿素与0.2%~0.4%的磷酸二氢钾混合液1~2次。

5. 防治红蜘蛛

甘薯叶片上有红蜘蛛为害时,用5%尼索朗(噻螨酮)1 000倍液,或用20%甲氰菊酯(灭扫利)2 000~3 000倍液(还兼治斜纹夜蛾),或20%速螨酮可湿性粉剂2 000~4 000倍液,或15%速螨酮乳油2 000~3 000倍液防治,以上药交替使用,每隔

7天喷药1次，1次50kg/亩连续喷药3次。

三、后期管理

从茎叶生长高峰期至收获为生长后期（薯块盛长期），春薯在栽后100天以后，夏薯在70～130天。本期主攻目标是护叶、保根、增薯重。本期末叶色褪淡即正常"落黄"，叶面积系数在2.0左右。

（一）防早衰

若9月叶面积系数下降过快，落黄较早，喷洒1%尿素与0.3%磷酸二氢钾液，促进光合产物的合成。

（二）控制旺长

若后期叶色依然浓绿，叶面积系数不见下降，可以提蔓不翻秧，喷洒2遍0.4%磷酸二氢钾液促进薯块膨大。

（三）防旱排涝

遇连续干旱应浇水，遇连阴雨时及时排出田间积水。

（四）防治食叶性虫害

发现有甘薯麦蛾等食叶性害虫为害时，每亩用90%敌百虫1 000倍液，或50%辛硫磷1 000倍液，或用2.5%溴氰菊酯（敌杀死）2 000倍液，或10%氯氰菊酯（灭百可）2 000倍液等喷雾，以上药可交替使用。

（五）适时收获、安全储藏

收获为宜，先收春薯后收夏薯，先收种薯后收食用薯，至12℃时收获基本结束。如果收获期过晚，甘薯在田间容易受冻，为安全储藏带来困难；收获过早，储藏前期高温愈合，库温难以降下来，容易腐烂。收获时要做到轻刨、轻装、轻运、轻卸等，尽量减少薯块破损。甘薯在储藏期间要求环境温度在9～13℃，湿度控制在85%左右，还要有充足的氧气。

第四节　甘薯病虫害防治

一、甘薯主要病害防治

(一) 甘薯黑斑病

1. 症状

该病主要为害薯苗和薯块。薯苗受害，一般在幼苗茎基部，尤其在地下白嫩部分产生长椭圆形稍凹陷的黑褐色病斑；严重时，幼茎和种薯都变黑腐烂，造成烂床死苗。病苗扦插到大田后，叶片往往发黄脱落，严重时也死亡，造成缺株。初生薯块能感病，以储藏期感病较多，病斑通常出现在薯块裂口或害虫咬伤处，呈黑褐色，近圆形，分界明显，中央稍凹陷。切开病薯，可见病斑附近的薯肉变青褐色，有苦味和臭气。病薯入窖储藏，能继续蔓延为害，造成烂窖。潮湿时，薯块和苗的病斑上都能长出黑色刺毛状病菌子囊壳。

2. 防治措施

(1) 农业防治措施。①培育无病壮苗：用无病床土育苗；用52~54℃温水恒温浸种薯10分钟；在苗床上35~37℃高温催芽3天；苗床上采苗用高剪苗。②建立无病留种田。③轮作换茬。④采用高温大屋窖储藏甘薯。⑤严格检疫，防止病害扩展蔓延。

(2) 药剂防治措施。薯种储藏及育苗时分别用50%多菌灵500倍液或70%甲基托布津500~700倍液浸种或栽植时浸苗基部10分钟。

(二) 甘薯茎线虫病

1. 症状

由肉眼看不见的细小线虫侵入薯块和地上茎蔓引起的。造成烂种、死苗、烂床、烂窖，为害大田一般可减产 10%～50%，严重的可造成绝收。薯茎被害后，在主蔓基部外面发生黄褐色龟裂的斑块，内部也呈褐色糠心。被害较早的薯块在田间由于细胞分裂不协调，常出现龟裂。主要传播途径是靠种薯、种苗、粪肥、土壤、流水等。

2. 防治措施

（1）农业防治措施。主要有清除田间病源、选用抗病品种、实行轮作倒茬、繁殖无病种薯，培育无病种苗、不施有病粪肥、严格检疫制度，用 51～54℃ 恒温水浸种 10 分钟，可杀死薯块皮层内的茎线虫。

（2）药剂防治措施。病区育苗时，用 50% 辛硫磷 300～500 倍液泼浇苗床；病区大田栽植时，每亩用 50% 辛硫磷 500g，对入 1 000kg 浇苗水中，均匀浇入窝中，随后封严。

（三）甘薯根腐病

1. 症状

甘薯根腐病是一种毁灭性病害，在河南省发生较普遍，为害严重。根系是病菌主要侵染部位，开始从吸收根、根尖或中部形成黑褐色病斑，而后大部分根变黑腐烂。地下茎被感染后，形成黑斑，病部多数表皮纵裂，皮下组织发黑疏松。重病根系全部腐烂；病轻者地下茎近土表处仍能生出新根，薯块少而小。薯块被感染后形成大肠形、葫芦形等畸形薯块，表面生有大小不一的褐色至黑褐色病斑，多呈圆形，稍凹陷，中后期龟裂，皮下组织变黑疏松，底部与健康组织交界处可形成一层新表皮。植株感染后，茎蔓生长慢，叶色发黄，叶片皱缩，增厚反卷。节间缩短，秋季现蕾开花。根腐病传播的主要途径主要是土壤、土杂肥、病残体、流水、种薯和种苗等。

2. 防治措施

根腐病防治至今尚无有效药剂，只能采取下列农业防治措施：①选用抗病良种。②培育壮苗，适时早栽。③深翻改土，增施净肥。④轮作换茬。⑤清洁田园，清除病薯残体。⑥建立无病留种田。

（四）甘薯软腐病

1. 症状

甘薯软腐病是育苗期和储藏期发生较普遍的病害之一。病菌多从薯块两端和伤口侵入。得病后薯块变软，呈水渍状发黏，以后在薯块表面长出许多丝状物和黑色孢子。被害部位薯皮很容易破裂，从伤口处流出黄色汁液，带有芳香酒气，以后变酸霉昧，如薯皮不破，薯内水分逐渐消失成干缩的硬块。

2. 防治措施

甘薯软腐病防治至今尚无有效药剂，农业防治措施如下：①适时收获，当天收当天入窖，使不遭受冷、冻害；②收运储过程尽量减少薯块破伤；③储藏窖、育苗床要消毒，保持清洁。

二、甘薯主要虫害防治

（一）地下害虫

防治措施：用50%辛硫磷乳油1 000倍液灌根，或亩用50%辛硫磷1 000mL拌细土100kg，犁地时均匀撒入犁沟防治。防治地老虎、蝼蛄也可用毒饵诱杀，用80%敌百虫可湿性粉剂60~100g，先以少量清水化开后，和炒过的棉籽饼或菜籽饼5~7kg拌均匀。也可用毒草诱杀，取鲜草25~40kg，铡成1.7cm长，与90%敌百虫50g，清水适量拌均匀后，于傍晚撒在薯苗根附近地面上诱杀。

（二）红蜘蛛

1. 为害症状

成虫、幼虫、若虫均在叶片上咬伤组织，吸食汁液，被害处出现小白斑，后变红，干枯脱落。

2. 防治措施

(1) 农业防治措施。①铲除田埂、路边和田间杂草,对薯区进行冬耕冬灌消灭虫源。②轮作倒茬,注意薯田灌溉,避免甘薯与棉红蜘蛛的嗜好寄主间作套种。③可利用肉食草蛉、肉食蓟马、小花蝽、大眼蝉长蝽、瓢虫等天敌进行防治。

(2) 药剂防治。用1.8%阿维菌素乳油2 000~3 000倍液,15%哒螨灵乳油1 000~2 000倍液,73%克螨特乳油2 000~3 000倍液,或用20%甲氰菊酯(灭扫利)2 000~3 000倍液在叶背面喷雾。以上药交替使用,每隔7天喷药1次,连续喷药3次。

(三) 甘薯麦蛾

1. 为害症状

幼虫在薯叶背面吐丝卷叶,取食部分叶肉后,又爬往它处重新为害。

2. 防治措施

(1) 农业防治措施。①收获后清洁田园,以消灭越冬蛹。②在幼虫盛发期,及时人工捏杀新卷叶幼虫,或摘除虫害卷叶,集中杀死。

(2) 药剂防治措施。可用24%美满悬浮剂2 000~2 500倍液,或15%安打悬浮剂3 000~3 500倍液,或10%除尽悬浮剂2 000~2 500倍液,90%敌百虫1 000倍液或48%乐斯本乳油1 000倍液或50%辛硫磷1 000倍液交替喷药防治。

(四) 甘薯天蛾、斜纹夜蛾、甘薯潜叶蛾

1. 为害症状

甘薯天蛾和斜纹夜蛾均是以幼虫咬食叶片、叶柄、嫩茎。甘薯潜叶蛾是幼虫钻入叶肉内潜食叶肉,边食边蛀成一条弯曲形的隧道。

2. 防治措施

(1) 农业防治措施。对甘薯天蛾结合冬耕拾除杀蛹,利用物理方法诱杀成虫。对斜纹夜蛾在发蛾盛期摘除寄主卵块，用物理方法诱杀成虫。对甘薯潜叶蛾及时清沟排水，降低湿度，减轻虫害发生。

（2）药剂防治措施。每亩用10%虫螨腈悬浮剂1 500倍液、1%氨基阿维菌素苯甲酸盐乳油1 000倍液、20%氯虫苯甲酰胺悬浮剂2 500倍液、1.8%阿维菌素乳油1 000倍液、2.5%高效氯氟氰菊酯乳油1 000倍液、5%氟铃脲乳油1 200倍液、40%毒死蜱乳油1 000倍液喷雾，以上药交替使用。

第八章　马铃薯

第一节　马铃薯的播种技术

一、播种

(一) 播前种薯准备

1. 种薯出窖与挑选

种薯出窖的时间，应根据当时种薯储藏情况、预定的种薯处理方法以及播种期等三方面结合考虑。种薯出窖后，必须精选种薯。选择具有品种特征，表皮光滑、柔嫩，皮色鲜艳，无病虫、无冻伤的块茎作种。凡薯皮龟裂、畸形、尖头、皮色暗淡、芽眼凸出、有病斑、受冻、老化等块茎，均应淘汰。出窖时块茎已萌芽的，则应选择芽粗而短壮的块茎，淘汰幼芽纤细或丛生纤细幼芽的块茎。

2. 催芽

催芽可促进种薯解除休眠，缩短出苗时间，促进生育进程，汰除病薯。催芽的常用方法为：①出窖时种薯已萌芽至1cm左右时，将种薯取出窖外，平铺于光亮室内，使之均匀见光，当白芽变成绿芽，即可切块播种。②种薯与湿沙或湿锯屑等物互相层积于温床、火炕或木箱中。先铺沙3~6cm，上放一层种薯，再盖沙没过种薯，如此3~4层后，表面盖5cm左右的沙，并适当浇水至湿润状况。以后保持10~15℃和一定的湿度，促使幼芽萌发。也可以选室外向阳背风地方挖坑做床，进行催芽。当芽长1~3cm，并出现根系，即可切块播种。③将种薯置于明亮室内或室外背风向阳处，平铺2~3层，并经常翻动，使之均匀见光，经过40~45天，幼芽长达1~1.5cm时，即可切块播种。

3. 种薯切块

切块种植能节约种薯并有打破休眠、促进发芽出苗的作用。但采用不当，极易造成病害蔓延。切块大小以20~30g为宜。切块时应采取自薯顶至脐部纵切法，使每一切块都尽可能带有顶部芽眼。若种薯过大，切块时应从脐部开始，按芽眼排列顺序螺旋形向顶部斜切，最后再把顶部一分为二。切到病薯时应用75%酒精反复擦洗切刀或用沸水加少许盐浸泡切刀8~10分钟进行消毒。切好的薯块应用草木灰拌种。若种薯小，可采用整薯播种，避免切刀传病，减轻青枯病、疮痂病、环腐病等发病率，能最大限度地利用种薯的顶端优势和保存种薯中的养分、水分，抗旱能力强，出苗整齐、健壮，生长旺盛，增产幅度可达17%~30%。此外，还可节省切块用工和便于机械播种。整薯的大小，一般以20~50g健壮小整薯为宜。

(二) 播种期

春播时，在10cm土层地温稳定在6~7℃时即可播种。北方一作区，一般在4月下旬至5月上旬。中原二作区，春薯一般在2月中旬至3月下旬。秋薯的播种适期较为严格，通常以当地日平均气温下降至25℃以下为播种适期。南方二作区，秋薯于9月下旬至10月下旬播种，冬薯于12月下旬至翌年1月中旬播种。

(三) 播种方法

马铃薯适于垄作形式。在高寒阴湿、土壤黏重、地势低洼、生育期间降水较多的地区，大多采用垄作。如我国东北、宁夏回族自治区南部、新疆维吾尔自治区的天山以北各地均采用垄作。在东北和内蒙古自治区东部地区多采用双行播种机播种、施肥、覆土、起垄同时进行。行距65cm。垄作一般覆土7~8cm厚，若春旱严重，可酌情增加厚度并结合镇压。在我国华北、西北大部地区，生育期间气温较高、雨量少、蒸发量大，又缺乏灌溉条件，多采用平作形式。在秋耕耙糖的基础上，播种时，先开10~15cm深的播种沟，点种施肥后覆土。一般行距50cm左右，播后耱平保墒。

二、合理密植

马铃薯的产量是由单位面积上的株数与单株结薯重量构成的。具体可用下式表示。

每公顷产量=每公顷株数×单株结薯重

其中，单株结薯重=单株结薯数×平均薯块重；单株结薯数=单株主茎数×平均每主茎结薯数。

密度是构成产量的基本因素。增加种植密度，可使单位面积上的株数和茎数增加，结薯数增加，因而在密度偏低的情况下，增加密度可有效地提高产量，但在密度过大时，单株性状过度被削弱，产量和商品薯率反而会降低。合理密植在于既能发挥个体植株的生产潜力，又能形成合理的田间群体结构，从而获得单位面积上的最高产量。

合理密植应依品种、气候、土壤及栽培方式等条件而定。晚熟或单株结薯数多的品种、整薯或切大块作种，土壤肥沃或施肥水平高、高温高湿地区等，种植密度宜稍稀；反之，就适当加大密度，靠群体来提高产量。在目前生产水平下，北方一作区以3 800~4 600株/亩为宜；二季作地区，4 300~5 000株/亩为宜。在相同种植密度下，采用宽窄行、大垄双行和放宽行距、适当增加每穴种薯数的方式较好，有利于田间通风透光，提高光合强度，使群体和个体协调发展，从而获得较高产量。

第二节 马铃薯的田间管理

一、发芽期管理

（一）耪地、松土

一般在播种后每隔7~10天耪地1次，耪2~3次，耪地时幼芽已伸长但未出土，目的是提高地温，保持土壤疏松透气，减少水分蒸发，使块茎早发芽，早出苗，并有除草作用。

（二）苗前浇水

一般情况不浇水，若土壤严重干旱，进行苗前浇水。

二、幼苗期管理

（一）中耕

在苗齐之后，苗高7~10cm时，进行中耕1~2次，深度10cm左右，浅培土，同时，结合除草。

（二）查苗、补苗

发现缺苗断垄现象及时补苗。选缺苗附近苗较多的穴，取苗补栽，厚培土，外露苗顶梢2~3个叶片，天气干旱时，栽苗后要浇水。

（三）施肥

根据幼苗的长势长相酌情施肥，一般施总追肥量的6%~10%。如基肥不足，立即追施尿素每亩15kg或腐熟人粪尿750~1 000kg浇施。

（四）浇水

视墒情酌情浇水。

三、块茎形成期管理

（一）追肥

现蕾期追肥，以钾肥为主，结合施氮肥，以保证前、中期不缺肥，后期不脱肥。

（二）灌水

块茎形成期枝叶繁茂，需水量多，土壤水分含量以田间持水量的60%为宜，遇旱应灌溉，以防干旱中止块茎形成，减少块茎数量，但不能大水漫灌以免形成畸形薯。

（三）中耕培土

苗期中耕后10~15天进行1次中耕，深度7cm，现蕾时再中耕1次，深4cm左右，这2次中耕要结合培土，第一次培土宜浅，第二次稍厚。基部枝条一出来就培土压蔓，匍匐茎一旦露出地表也应培土，以利于结薯。

（四）摘花摘蕾

马铃薯花蕾生长要无谓消耗大量的养分，所以，见花蕾就尽量掐去，能促进薯块膨大，增加产量。可增产10%左右。

四、块茎增长期管理

（一）叶面追肥

马铃薯开花以后，植株已封垄，一般不宜根际追肥。根据植株长势叶面喷施磷酸二氢钾、硼、铜等溶液，防止叶片早衰。

（二）浅中耕

植株封垄前进行最后1次浅中耕，避免切断匍匐茎。

（三）浇膨大水

现蕾期开始至采收前一周不干地皮。此期如土层干燥，开花期应浇水，头三水更属关键，所谓"头水紧，二水跟，三水浇了有收成"，浇水后浅中耕破除土壤板结。

五、淀粉积累期管理

(一) 适当轻灌

此期如土壤过干应适当轻灌,收获前10~15天应停止灌水,促使薯皮老化。对于块茎易感染腐烂病的品种,结薯后期应少浇水或早停止浇水,不能大水漫灌。如雨水过多,应做好排涝工作,以防薯腐烂。

(二) 叶面追肥

淀粉积累阶段需肥量较少,约占一生总量的25%,开花期以后原则上不应追施氮肥。有条件的可喷施磷、钾、镁、硼肥溶液,可防止叶片早衰。喷施浓度过磷酸钙是1∶1,硫酸钾1∶30。

第三节 马铃薯地膜覆盖与间作套种栽培技术

一、地膜覆盖栽培技术

(一) 马铃薯地膜覆盖的应用效果

马铃薯地膜覆盖栽培是20世纪90年代推广的新技术。运用该技术一般可增产20%~50%,大中薯率提高10%~20%,并可提早上市,调节淡季蔬菜供应市场,提高经济效益。

地膜覆盖增产的原因,主要是提高了土壤温度、减少了土壤水分蒸发,提高了土壤速效养分含量,改善了土壤理化性状,保证了马铃薯苗全、苗壮、苗早,促进了植株生育,提早形成健壮的同化器官,为块茎膨大生长打下良好基础。

(二) 栽培技术要点

1. 选地和整地

选择地势平坦、土层深厚、土质疏松、土壤肥力较高的地块，实行3年轮作。在施足基肥基础上进行耕翻碎土耙耱平整，早春顶凌耙耱保墒。

2. 施足基肥

地膜覆盖后生育期间不易追肥，故应在整地时把有机肥和化肥一次性施入土中。每公顷施入30~45t充分腐熟的有机肥和300kg磷酸二铵。

3. 选用脱毒种薯

带病种薯在覆膜栽培条件下，极易造成种薯腐烂，影响出苗，故要选用优良脱毒种薯。播前20天左右催芽晒种。

4. 覆膜方法

播前10天左右，在整地作业完成后应立即盖膜，防止水分蒸发。覆膜方式有平作覆膜和垄作覆膜。平作覆膜多采用宽窄行种植，宽行距65~70cm，窄行距30~35cm，地膜顺行覆在窄行上。垄作覆膜须先起好垄，垄高10~15cm，垄底宽50~75cm，垄背呈龟背状，垄上种两行，一膜盖双行。无论采取哪种覆盖方式，都应将膜拉紧、铺平、紧贴地面，膜边入土10cm左右，用土压实。膜上每隔1.5~2m压1条土带，防止大风吹起地膜。覆膜7~10天，待地温升高后，便可播种。

5. 播种

播期以出苗时不受霜冻为宜。一般比当地露地栽培提前10天左右。在每条膜上播2行。交错打孔点籽，孔深10~12cm，然后回填湿土，并将膜裂口用土封严。如果土壤墒情不足，播种时应在播种孔内浇水0.5kg左右。

6. 田间管理

播后要经常到田间检查，发现地膜破损要立即用土压严，防

第八章　马铃薯

止大风揭膜。出苗前后检查出苗情况，若因苗子弯曲生长而顶到地膜上，应及时将苗放出，以免烧苗。生育中期要及时破膜，在宽行间中耕除草培土，有灌水条件的可在宽行间开沟灌水。

二、马铃薯间作套种技术

马铃薯性喜冷凉，生育期较短，播种和收获期伸缩性较大；植株矮小，根系分布较浅，适于多种形式的薯粮、薯棉、薯豆、薯菜等间作套种。

（一）薯粮间作套种

薯粮间套应用最普遍的是马铃薯和玉米间套作，一般比两者单作增产30%~50%。间套形式按行比有1∶1、1∶2、2∶2、2∶4等。各地粮区多采用2∶2的形式。在170cm带宽内按行株距65cm×20cm播种2行马铃薯，每公顷种58 500株。玉米按行株距40cm×24cm条播2行，每公顷种48 000株。马铃薯应选择早熟、株矮、直立的品种，适时早播，力争早出苗、早收获。玉米选用中晚熟高产品种。马铃薯收获后，就开沟将茎叶埋入土中，给玉米压青培肥。

（二）薯棉间作套种

马铃薯与棉花间作套种模式按行比有1∶1、1∶2、2∶2、2∶4等。目前多采用2∶2的模式。在180cm宽的带内，马铃薯按行株距65cm×20cm播2行，每公顷55 500株。棉花于终霜时按行株距40cm×18cm播2行，每公顷61 500株。马铃薯应覆膜早播，棉花适当晚播5~7天，以减少共生期。

（三）薯豆间作套种

近几年，在甘肃、宁夏、青海等省区半干旱和阴湿易旱地区，采用马铃薯和蚕豆、马铃薯和豌豆间套作，取得了明显增产效果。马铃薯与蚕豆间套作时，马铃薯用宽窄行种植，宽行行距60cm，窄行行距20cm，株距35cm，每公顷种61 500株。在马铃薯宽行内间作1行株距为10cm的蚕豆，每公顷10万~12万株。马铃薯和豌豆间套作，其带间为50cm，各种2行。豌豆播量150~180kg/hm^2，保苗78万~90万株/hm^2。马铃薯株距35cm，保苗61 500株/hm^2。

（四）薯菜间作套种

薯菜间套模式主要分布于菜区。由于蔬菜种类多，生长期及栽培技术不同，所以，薯菜间套方式也多种多样。在二季作地区，有马铃薯与耐寒速生蔬菜如小白菜、小萝卜、菠菜等间套作和马铃薯与耐寒而生长期长的蔬菜如甘蓝或菜花间套作等。在北方高寒地区，采用早熟马铃薯复种油豆角、白菜萝卜等，马铃薯采用催大芽覆膜栽培，6月下旬收获，下茬复种（移栽）油豆角、白菜、萝卜等。

第四节 马铃薯病虫害防治

一、马铃薯主要病害防治

（一）病毒病

生产上常见的病毒病有PVX（普通花叶病毒）、PVS（潜隐花叶病毒）、PVA（粗皱缩花叶病毒）、PVY（重花叶病毒）、PLRV（卷叶病毒）。

防治方法：①推广利用脱毒薯：建立脱毒薯繁育基地，通过检测淘汰病薯，生产上通过两季栽培留种。②选用抗病品种：在条斑花叶、普通花叶和卷叶发生严重的二季作区选用郑薯五号、郑薯六号、费乌瑞它、中薯三号等。③精选种薯：在田间严格选留无病毒症状的植株留种，建立种子田。④调整播种期、收获期：春季早播、早收，秋季适当晚播。避开蚜虫迁飞高峰，减轻蚜虫为害传播，躲过高温影响。⑤防治蚜虫：种子田从出苗开始

应定期喷药防蚜。发现感病植株应立即拔除。⑥整薯播种：种薯田应采用整薯播种，杜绝部分病毒及其他病害借切刀传播。⑦药剂防治：发病初期喷洒抗毒丰（0.5%菇类蛋白多糖水剂）300倍液，或5%菌毒清水剂500倍液，或1.5%植病灵11号乳剂1 000倍液，或20%病毒A可湿性粉剂500倍液。

（二）晚疫病

马铃薯晚疫病（Potato Late Blight）由致病疫霉引起，是一种可导致马铃薯茎叶死亡和块茎腐烂的毁灭性卵菌病害，也是我国普遍发生的一种严重的寄主性真菌病害。在阴雨连绵、温度较低、湿度较大的条件下容易发生。

1. 发病症状

晚疫病主要为害马铃薯叶、茎和薯块。叶片感病，先在叶尖或叶缘呈水浸状绿褐色斑点，病斑周围有浅绿色晕圈，湿度大时病斑迅速扩大，呈褐色，在叶背面产生白霉，即孢子梗和孢子囊。干燥时病斑变褐干枯，质脆易裂，不见白霉，且扩展速度减慢。叶柄、茎部感病，呈褐色条斑。发病严重时叶片萎垂、卷缩，全株黑腐，全田一片枯焦，散发出腐败气味。块茎感病，呈褐色或紫褐色大块病斑，稍凹陷，病部皮下薯肉呈褐色，逐步向四周扩大或烂掉。

2. 发病条件及传播途径

病菌以菌丝体在薯块中越冬。播种带菌薯块，不发芽或发芽出土后死亡，有的出苗后在温度、湿度适合时，成为中心病株。病斑上的孢子借气流传播在侵染周围植株，形成发病中心，并迅速向外侵染蔓延，全田植株感病而枯死。病菌孢子落入土壤中侵染薯块。带病的种薯是马铃薯晚疫病来年发生的主要病源。

马铃薯生长处于开花阶段，只要白天处于22℃左右，相对湿度高于95%，夜间10~13℃，叶面上有水滴的高湿条件下，晚疫病即可发生。发病后10~14天病害蔓延全田或引起大流行。

因此，河南省在 9 月下旬至 10 月上中旬，如遇阴雨连绵，空气潮湿，或温暖多雾，即有发生流行的可能。

3. 防治方法

（1）选用抗病品种。早熟品种抗晚疫病性能较差，而中晚熟品种抗晚疫病性能较强。适宜二季栽培的中晚熟品种必须为结薯偏早的，较抗晚疫病的有高原 7 号、克新 2 号等。

（2）精选种薯，淘汰病薯。种薯入窖储藏、出窖，春化处理、切块、催芽等每个环节都要精选薯块，淘汰病薯，以切断病源。

（3）加厚培土。防止病菌孢子囊落入土壤后侵染薯块。地上茎叶发病枯死后，要及时将秧子割去，暴晒 2~3 天后收获。

（4）药剂防治。田间发现发病中心病株或发病中心后，应立即割去发病马铃薯秧子，轻轻地拿出田间进行深埋，并要对中心发病株或发病中心的周围进行喷药封锁，重点消灭，全面防治。只要连续喷药 2~3 次，就可控制晚疫病的危害。田间可喷洒 85%瑞毒霉可湿性粉剂加水 800~1 000 倍液，或 40%乙膦铝可湿性粉剂 200 倍液，或 64%杀毒矾可湿性粉剂 500 倍液，或 69%安克锰锌可湿性粉剂 800 倍液，或 72.2%普力克水剂 500 倍液，或 53%金雷多米尔可湿性粉剂 800 倍液，或 58%瑞毒霉锰锌 500~600 倍液，或 80%大生可湿性粉剂 400~800 倍液，或 72%的克露可湿性粉剂 600~800 倍液喷雾，10 天左右喷 1 次，连续防治 2~3 次。可用其中一种药物，但最好几种药交替施用，效果更好。

（三）疮痂病

疮痂病是一种放线菌病害，在二季作区秋季发生比较普遍。秋季播种早、土壤碱性、施不腐熟的有机肥料、结薯初期土壤干旱高温等，发病较重。

1. 发病症状

该病主要为害马铃薯块茎，块茎感病后，薯块表面先产生褐色小点，扩大后形成圆形或不规则的较大褐色病斑，边缘隆起。病斑扩大合并，形成大病斑，病斑上往往出现有白色、灰色或其他颜色的粉末，特别是刚收获的块茎最明显。感病块茎表皮粗糙木质化，呈干腐状。病斑一般较浅，仅限在块茎表皮，也有深达薯肉的，引起局部薯肉硬化。匍匐茎也可受害，多呈近圆形或圆形的病斑。马铃薯受害后，产量降低，品质差，不耐储藏，影响块茎的商品质量，严重的失去商品价值。

2. 发病条件及传播途径

病菌在土壤中腐生，也能在储藏的病薯上越冬。主要靠病薯和土壤传播。块茎生长的早期，表皮木栓化之前，病菌从皮孔或伤口侵入后感病，当块茎表皮木栓化后，侵入则较困难。放线菌能在土壤 pH 值 5.2~8.6 的范围内生存。病菌发育的最适宜温度为 25~30℃，土壤温度 21~24℃ 病害最重。二季作区秋季发病与疮痂病孢子的最佳发芽温度有关。因为秋季马铃薯结薯初期正遇气温和地温偏高的时期，所以发病比春季重。低温、土壤湿度和酸性土壤对疮痂病有抑制作用。疮痂病发生最适宜的 pH 值为 5.3，土壤 pH 值为 5.2 以下可抑制病菌发展，减轻为害程度。

块茎发病后，表皮发生病斑，不仅影响了外貌，而且有损品质，商品价值降低。但疮痂病的薯块只要不腐烂、能发芽，春季播种后，因气候条件关系，一般在块茎上很少出现疮痂病的病斑。留种的块茎就是有疮痂病，在春季播种对产量影响也不大。

3. 防治方法

（1）轮作调茬。避免连作，不要在碱性地块种植马铃薯，使用有机肥料，要充分腐熟。

（2）调整播期。秋季适当晚播，使马铃薯结薯初期避过高温。

(3) 加强田间管理。秋季马铃薯块茎膨大初期，小水勤浇，保持土壤湿润，降低地温。

(4) 药剂防治。秋季用 1.5~2kg 硫黄粉撒施后犁地进行土壤消毒，播种开沟时每亩再用 1.5kg 硫黄粉沟施消毒。用对苯二酚（化学纯）100g 加水 100kg，配成 0.1% 水溶液，播种前浸种30 分钟，捞出晾干后播种。

(四) 环腐病

环腐病是一种常见的马铃薯毁灭性细菌病害。北方一季作区发生较严重，二季作区发生较轻。春秋生产季节发病造成死棵烂薯，储藏期造成大量烂薯。

1. 发病症状

带病薯块播种后，重者在土壤中烂掉，轻的比健薯晚出苗 4~5 天。出苗后生长缓慢，瘦弱矮小，叶片发黄变小，下部叶片边缘或尖端先出现褐色斑点，以后干枯向上卷或早期死亡，但叶片不脱落。有些中上部叶片前期保持绿色，以后变成灰绿色萎蔫。在生长期，部分病株分枝正常，植株稍矮，个别枝条（半边）萎蔫或全萎蔫。顶部叶片变小，叶片组织部分褪色，由浅绿色变成黄绿色，叶缘出现褐色斑点。上部叶片向上卷曲，叶片萎蔫下垂。下部叶片多数枯黄，茎保持绿色。有些叶片先由尖端变褐后全部变褐，病株叶片向上卷曲变枯，仅留顶部几片灰绿色小叶。切开病株茎基部维管束不变色或变成浅褐色，用手挤压可溢出乳黄色或乳白色黏液。

2. 传播途径

块茎带病是病源的主要来源。在收藏中带病的薯块和健康薯共同在一起堆积时，很容易通过伤口接触传播，而最广泛的传染途径是通过切刀传播。带病薯块播种后，随着种薯的发芽出苗生长，一方面病菌可沿维管束组织逐步蔓延到地上部茎枝维管束，影响水分向上输送，植株发生萎蔫；另一方面病菌从维管束蔓延

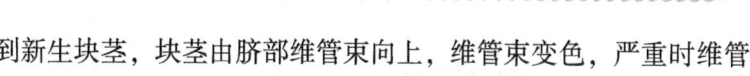

到新生块茎，块茎由脐部维管束向上，维管束变色，严重时维管束腐烂，呈棕红色，用手压挤，薯肉与原皮层分离。

环腐病传播途径主要是切块时借切刀传播。病菌黏液附着在条筐等运输工具上也可把病菌传给健薯。干燥后的黏液，病菌仍可存活数个月。但环腐病不能在土壤中越冬。

3. 发病条件

环腐病菌最适宜生长的温度是 20~23℃，在田间发病最适宜的温度是 18~24℃，最高温度 31~33℃，最低温度 1~2℃，致死温度在干燥情况下 50 ℃经 10 分钟。最适宜 pH 值为 6.8~8.4。

4. 防治方法

（1）加强植物检验。调运带病种薯是环腐病远距离传播的主要途径。严禁从病区调运、引进种薯。

（2）整薯播种。避免环腐病借切刀传播。

（3）建立无病种薯田。选用 2 年未种过马铃薯的地块。种薯应是株选的无病健薯，并进行整薯播种，通过培育无病种薯才能彻底消灭环腐病。

（4）切刀消毒、削脐（脐部）把关。切块前首先给把关人准备好 3~4 把刀。把关人用刀在种薯的尾部（脐部）削切 1 刀，发现维管束变色立即淘汰，并对切刀消毒，然后再换 1 把经过消毒的刀。经过削切脐部把关，把无病的健康种薯放在一起，由其他人进行切块。这样既防止了环腐病借切刀传播，又减少了其他人切刀消毒的麻烦，效果很好。切刀消毒的方法是：将切刀在火炉上烧烤 20 秒左右，取出后放入凉水中浸放一会儿，切刀凉后即可使用。也可在开水中煮 2~3 分钟，晾凉后即可使用。

二、马铃薯主要虫害防治

(一) 蚜虫

1. 为害症状

蚜虫也称腻虫,常群集在嫩叶的背面吸取汁液,严重时叶片卷曲皱缩变形,甚至干枯,严重影响顶部幼芽正常生长。花蕾和花也是蚜虫密集的部位。桃蚜还可以传播病毒。

2. 特征特性

马铃薯蚜虫,杂食性,寄主多,越冬寄主多为蔷薇科木本植物(如桃、李、梅、杏、樱桃等);夏寄主多为草本植物(除包括豆科、茄科、葫芦科、十字花科等蔬菜外,还包括许多1~2年生草本观赏植物,特别是温室花卉)。蚜虫是孤雌生殖,繁殖速度快,从越冬寄主转移(迁飞)到第二寄主马铃薯等植株后,每年可发生10~20代。蚜虫靠有翅蚜迁飞扩散。有翅蚜一般在4—5月向马铃薯迁飞或扩散。温度25℃左右时生育繁殖最快,高30℃或低于6℃时,蚜虫数量减少。暴雨大风和多雨季节不利于蚜虫繁殖和迁飞。桃蚜在秋末时飞回第一寄主桃树上产卵越冬。越冬卵到春季孵化后以有翅蚜迁飞到第二寄主为害。有时蚜虫的成虫或若虫在菜窖、温室、阳畦内越冬。桃蚜对黄色、橙色有强烈的趋性,而对银灰色有负趋性。

3. 防治方法

(1)药剂防治。可用吡虫啉(蚜虱一遍净)可湿性粉剂加水2 000倍,或50%抗蚜威加水2 000倍或4.5%高效氯氰菊酯乳油1 000倍液,或20%速灭杀丁加水2 000倍,或52.5%农地乐1 000~1 500倍液,或2.5%扑虱蚜2 500倍液,或25%劈蚜雾1 000~1 500倍液喷雾防治。灭蚜药剂较多,可根据情况选择轮换使用,以免蚜虫产生抗性,影响防治效果。由于蚜虫繁殖快,蔓延迅速,必须及时防治。蚜虫多在心叶、叶背处危害,药剂难以全面喷到,所以,在喷药时要周到细致。

(2)农业防治。生产种薯,为了防止蚜虫传毒,在二季作区,春季应在蚜虫迁飞前收获,避开蚜虫为害。另外,出苗后,要求每周应喷药1次。

(二)蛴螬

1. 为害症状

金龟子的幼虫,在地下部活动,危害咬食幼嫩的根、茎和块茎,有时会将块茎吃去一半,获食成株状。当10cm地温13~18℃时活动最盛,为害也最重。土壤湿度大,或小雨连绵的天气为害严重。对未腐熟的厩肥有强烈的趋性。

2. 特征特性

金龟子2年完成1代,成虫、幼虫均在土中越冬,5—7月成虫大量出现,黄昏活动,咬食叶片,交配产卵,每头雌金龟子可产卵100粒左右,卵产于疏松湿润的土壤中。卵经15~22天孵化成幼虫。幼虫期340~400天,冬季在土壤55~150cm越冬。蛹期约20天。

3. 防治方法

(1)处理有机肥。有机肥使用前,要经过高温充分发酵,杀死幼虫及虫卵,减轻为害。施用未腐熟的农家肥,易发生蛴螬,使用前应拌敌百虫或辛硫磷乳油。

(2)合理使用化肥。碳酸氢铵、腐殖酸铵、氨水、氨化过磷酸钙等化肥,散出的氨气对蛴螬等地下虫有一定的驱避作用。

(3)药剂防治。可选用50%辛硫磷乳油加水1 000倍,或30%敌百虫乳油加水500倍,或80%敌百虫可湿性粉剂加水1 000倍喷洒或灌杀。

(4)土壤处理。播种前用3%米乐尔颗粒剂,每亩2~6kg加细土50kg,混拌均匀,撒在地表,深耕20cm。也可在播种时撒入播种沟内,锄后再播种。米乐尔在土壤中有效期为2~3个月,还可以有效地兼治金针虫、地老虎、跳甲幼虫、地蛆、根结线虫等地下害虫。

(三) 茶黄螨

1. 为害症状

为害黄瓜、茄子、番茄青椒、豆类、马铃薯等多种蔬菜。由于螨体极小，肉眼难以观察识别，常误认为是生理病害或病毒病害。对马铃薯嫩的茎叶为害较重。特别是在二季作地区秋季发生比较严重，个别田块严重时马铃薯植株呈褐色病斑，导致枯死，造成严重减产。河南省发生为害时间在秋季9月下旬至10月上旬。成螨和幼螨集中在幼嫩的茎与叶背刺吸汁液，造成植株叶片畸形。受害叶片背面呈黄褐色，有油质状光泽或呈油浸状，叶片边缘向叶背卷曲。嫩叶受害叶片变小变窄。嫩茎变成黄褐色，扭曲畸形。严重者植株枯死。

2. 特征特性

成虫活泼，尤其是雌虫，当取食部位变老时，立即向新的幼嫩部位转移，并且有搬运雌螨、若螨至植株幼嫩部位的习性。卵和幼螨对湿度要求较高，只有在相对湿度80%以上时才能发育。因此，温暖多湿的环境有利于茶黄螨的发生。

3. 防治方法

(1) 农业防治。许多杂草是茶黄螨的寄主，应及时清除田间、地边、地头杂草，消灭寄主植物，杜绝虫源。马铃薯种植地块，不要与菜豆、茄子、青椒等蔬菜邻近，以免传播。

(2) 药剂防治。可用75%，克螨特乳油加水1 500~2 000倍，或20%复方浏阳霉素加水1 000倍，或40%环丙螨醇可湿性粉剂加水1 500~2 000倍，或25%灭螨猛可湿性粉剂加水1 000~1 500倍，或40%，乐果乳油加水1 000倍等进行喷洒。茶黄螨生活周期较短，繁殖力特强，应特别注意早期防治。

(四) 地老虎（土蚕）

1. 为害症状

地老虎种类较多，为害马铃薯的主要是小地老虎、黄地老虎和大地老虎等，以幼虫在夜间活动为害。3 龄前幼虫食量小，为害叶片，严重时叶片的叶肉被食光，只剩下小叶柄和叶的主脉。3 龄后钻入 3cm 左右的表土中，为害根、茎。3～6 龄食量剧增，咬食（断）叶柄、枝条和主茎，造成缺株断垄。结薯期为害块茎，将块茎咬食成大小、深浅不等的虫孔，有时幼虫钻入块茎内危害，将块茎食空，造成严重减产和块茎失去商品价值。

2. 特征特性

地老虎种类很多，分布广，为害严重，每年发生 3～4 代，成虫雌蛾产卵 300～1 000 粒，卵经 7～10 天孵化为幼虫。幼虫灰褐色，取食嫩叶后体色转变为灰绿色，3 龄后钻入土中变成灰色。幼虫体长 50cm 左右，以 3～6 龄幼虫越冬，4 月中旬至 5 月上旬是幼虫为害盛期。

3. 防治方法

（1）农业防治。清除田间及周围杂草，减少地老虎雌蛾产卵的场所，减轻幼虫为害。

（2）物理防治。灯光诱杀。利用成虫趋光性，在田间安装黑光灯诱杀。糖醋液诱杀。红糖 6 份，白酒 1 份，醋 3 份，水 10 份，90% 敌百虫 1 份，调配均匀，做成诱液装入盆内，放在田间三脚架上，夜间诱杀成虫，白天将盆取回。每隔 2～3 天补加 1 次诱杀液。

（3）药剂防治。毒饵诱杀：将炒黄的麦麸（或秕谷、豆饼、玉米碎粒等）5kg 加 5kg 敌百虫水溶液（敌百虫 100g 加水 5kg 溶解开）充分搅拌均匀，傍晚撒入田间，防治效果好，并可兼治蝼蛄。每亩需麦麸 3kg。拌毒饵也可用 50% 辛硫磷或 48% 毒死蜱乳油 50～80mL 加适量水稀释，再将药液喷拌在 5kg 炒香的麦麸、谷子、米糠、玉米糁、豆饼糁或棉籽饼糁中混匀而成。嫩草、菜叶诱杀：灰灰菜或青叶菜切碎，每5kg水加敌百虫100g（用温水溶解开），拌均匀，傍晚撒入田间。3龄前幼虫未入土，可用20%杀蛉脲悬浮剂或5%氯氟氰菊酯乳油4 000~5 000倍液喷洒。幼虫3龄后入土，每亩可用750g敌百虫，先用温水溶解开配成母液，浇水时顺水冲入土壤内，进行防治。

（五）潜叶蝇

1. 为害症状

潜叶蝇可为害许多作物。潜叶蝇体形很小，为害马铃薯的主要是幼虫，以幼虫潜入叶片表皮下，曲折穿行，取食绿色组织，造成不规则的灰白色线状隧道。为害严重时，叶片组织几乎全部受害，叶片上布满蛀道，尤以植株基部叶片受害为最重，甚至枯萎死亡。成虫还可吸食植物汁液使被吸处成小白点。

2. 特征特性

中国常见的有潜叶蝇科的豌豆潜叶蝇、紫云英潜叶蝇，水蝇科的稻小潜叶蝇，花蝇科的甜菜潜叶蝇等，均属双翅目。目前发现还有美洲斑潜蝇。豌豆潜叶蝇为多发性害虫，1年发生代数随地区而不同。宁夏回族自治区每年发生3~4代；河北省、东北地区1年发生5代；而福建省福州市1年可发生13~15代；广东省可发生18代。在北方地区，以蛹在油菜、豌豆及苦荬菜等叶组织中越冬；长江以南、南岭以北则以蛹态越冬为主，还有少数幼虫和成虫过冬；在我国华南温暖地区，冬季可继续繁殖，无固定虫态越冬。豌豆潜叶蝇有较强的耐寒力，不耐高温，夏季气温35℃以上就不能存活或以蛹越夏。

3. 防治方法

（1）加强植物检疫。美洲斑潜蝇为检疫性害虫，要加强植物检疫，防止随马铃薯调运传入或传出。

对已发生为害的地区，应采取果断防治措施予以肃清或控制为害。

（2）农业防治。保护天敌，可大大减少潜叶蝇的为害。特别是过度使用杀虫剂，使潜叶蝇的天敌遭到毁灭的地区，潜叶蝇是一种严重的马铃薯害虫。由于潜叶蝇成虫对黄色具有趋性，因此，可采用黏性的黄色诱捕纸板等物诱杀，在开花期进行。作物收获后要深耕翻土，清洁田园，清除残株败叶和田边杂物，以压低虫源基数，减少下一代发生数量，要施用充分腐熟的粪肥，避免使用未经发酵腐熟的粪肥，特别是厩肥。

（3）药剂防治。应加强测报，掌握在卵孵化高峰期施药。在药剂上可选用阿维素类农药，如1%海正灭虫灵乳油2 000~2 500倍液，或1.8%虫螨克乳油3 000~5 000倍液，或48%乐斯本乳油1 000倍液，或20%氰戊菊酯乳油3 000倍液。市场上出售的斑潜净是一种很有效的药剂，喷施浓度为450~900hm^2，稀释1 000~2 000倍液，在清晨或傍晚喷施。施药间隔5~7天，根据虫害严重程度，可连续用药3~5次，以消灭潜叶蝇的危害。喷药时力求均匀、周到，并注意轮换、交替用药，以延缓害虫抗药性的产生。

（六）马铃薯二十八星瓢虫

1. 为害症状

成虫、幼虫都可为害马铃薯、茄子、青椒、豆类、瓜类等蔬菜。秋季（9月）为害马铃薯较重。成虫和幼虫均可为害马铃薯，但幼虫为害更严重。幼虫专食叶肉，被食后的叶片只留有网状叶脉，叶子很快枯黄，造成严重减产。

2. 特征特性

二十八星瓢虫每年可繁殖2~3代，成虫为红褐色带28个黑点的半圆形甲虫。成虫取食或产卵均在白天，10：00—14：00活动为害最盛。产卵积聚成块，每块卵有20~30粒，每个雌虫可产卵300~400粒，多产在叶的背面。初孵化的幼虫群集于叶的背面为害，2龄后分散到其他叶片为害。幼虫为黄色或黄褐色，身上有黑色刺毛，躯体扁椭圆形，行动迅速。

3. 防治方法

（1）物理防治。人工捕捉成虫。利用成虫的假死习性，在成虫盛发期，每天早晚用脸盆承接着，然后轻敲植株，成虫便落入盆内，收集杀死。人工摘除卵块。成虫产卵集中，颜色鲜艳，极易发现摘除。

（2）药剂防治。20%氯虫苯甲酰胺悬浮剂6 000倍，或1.8%阿维菌素乳油1 000倍，或50%辛硫磷乳剂加水1 000倍，或80%敌敌畏加水800~1 000倍，或2.5%溴氰菊酯乳油加水2 500倍，或25%灭幼脲500倍，或2.5%功夫乳油加水3 000倍，或4.5%高效氯氰菊酯乳油1 500倍进行喷洒。发现成虫活动时即可喷药，每10天左右喷药1次，一般喷3次即可完全控制为害。卵和刚孵化的幼虫都在植株下部叶片的背面，喷药时一定要喷到叶背面，以便把隐蔽的幼虫及卵全部杀死。

第九章 油 菜

第一节 油菜的播种技术

一、选用良种

"双低"油菜是指菜油中芥酸含量低于3%、菜饼中硫甙含量低于30μmol/g的油菜品种。机械化生产用种应选用具有株高中等、抗倒伏性强、株型紧凑、早熟且熟期集中、抗裂角等特性,适应当地耕作制度和地埋气候条件的油菜品种。目前适合郑州市种植的优质油菜品种主要有秦油2号、豫油15、成油1号、陕油15、杂双2号、双油8号、双油9号等。

二、种子处理

1. 拌种

油菜播种前根据不同情况可用杀菌剂和杀虫剂、微量元素肥料(如硼、锌、稀土等)及生长调节剂(如烯效唑、增产菌等)进行拌种,以达到防治病虫、肥育健株、生育调控等目的。可采用干拌种和湿拌种两种方法进行,一般用药量占种子重量的2%~3%。

2. 种子包衣

播种前用含有杀虫剂、杀菌剂、生长激素及微肥等成分的油菜专用种衣剂包衣,可有效地达到防治病虫、育肥植株、调节生长等作用。种衣剂用量一般为种子重量的2%~2.5%。应用时先按药与水1∶1对水后拌种，使每个种粒都被种衣剂均匀包裹即可，阴干后备用。

3. 大粒化处理

方法是将种子放入特制滚筒内，先均匀喷水，摇动滚筒，待种子表面湿润后，逐步加入适量微肥、细肥土、杀虫（菌）剂、水等，直至种子被包成直径5~6mm的颗粒，然后取出阴干备用。

三、适期早播

直播油菜无起苗环节，生长无停滞阶段。因此，同一品种油菜直播应比育苗移栽延迟10~15天播种。播种过早，苗期气温高，油菜生长旺盛，年前易抽薹开花，发生冻害，年后易早衰；播种过迟，油菜生长缓慢，不能壮苗越冬，年后发棵差。郑州市油菜直播的适宜播期为9月下旬至10月上旬，在适宜播期内应抢时早播。

四、合理密植

精量播种和加强对密度的控制，既可以有效降低劳动强度，也有利于培育壮苗，减少间苗、补苗的工作量。精量播种的关键在于种子用量的掌握。直播一般采用小麦播种机，亩播种量0.4~0.5kg，为保证下籽均匀，可加0.5kg炒熟的油菜籽混合播种，或将种子与细沙土混合一起播种。需要注意的是，机械化精量播种之前，必须对用种进行精选处理，一般要求种子水分不高于9%，净度不低于97%，发芽率85%以上。

采用宽窄行种植，宽行60~70cm，窄行30cm，出苗数是应留苗数10倍，及时疏疙瘩苗，1~3叶间苗1~2次，4~5叶定苗。定苗密度依品种特性、播种早晚、土壤质地和肥力及作业方式而定，一般以每亩1.2万~1.5万株为宜。

机械化生产要求油菜植株株高降低、分枝短、茎秆易切割、熟期集中，通过加大种植密度可以达到以上要求，而且通过增加密度，可以有效增加单位面积的角果数，达到增产的目的。采用油菜机械化生产的地块播种适宜密度为3万~4万株/亩。播种推迟，密度加大。

五、适度浅播

油菜种子粒小，子叶顶土能力弱，播种深度对油菜的出苗速度、保苗率和产量都有很大影响。油菜直播的适宜播种深度，在墒情允许的情况下尽量浅播，一般以1.5~2.5cm为宜，最深不超过3cm。播后要及时轻镇压，使种子和土壤密接，以利提墒和种子吸水发芽。当土壤水分不足时，可采用深播浅覆土的办法，使种粒播在湿土中，覆土厚度以镇压后不超过3cm为准。

六、种植方法

油菜的种植方法有育苗移栽和直播2种。郑州市油菜多采用直播法。直播法以机械条播法较好，在良好整地的基础上，播种深度易控制，播种量准确，行距可调，覆土均匀，出苗整齐，便于田间管理。油菜一般采用25~30cm的行距，在水肥条件较好的土地上种植，行距可适当加大些，一般可加大到40~50cm。育苗移栽：苗床要平整、肥沃、土壤疏松、向阳、水源方便，采取营养钵育苗方式，比直播提早7~10天育苗，播量每亩苗床控制在0.5~0.7kg，苗齐后早疏苗、匀留苗，做到"一叶疏、二叶间、三叶定"，在大田精细整地施足底肥基础上，实行沟栽，同时，浇定根水。密度应该控制在0.8万~1.2万株/亩。

第二节 油菜的田间管理

油菜大田田间管理分3个阶段,一是大田苗期田间管理;二是蕾薹期的田间管理;三是花果期田间管理。

一、油菜大田苗期田间管理

油菜从移栽到现蕾这段时间称为苗期,冬油菜苗期很长,一般占全生育期的一半以上,为了充分利用越冬前较高气温多长叶快发根,扩大绿叶面积,制造较多的有机养分,促使生长锥多分化茎节和叶片,促进花芽分化和腋芽发育,应做好以下工作。

(一)早施提苗肥,重施开盘肥

提苗肥施用以早为好,有利于在11月较高温度下,促其多长叶快发根。苗期追肥,一般应追施2次。第一次在移栽成活后立即追肥,在移栽后7~10天,以速效肥为主,每亩施粪肥水1 000~1 500kg加速效氮素5kg左右。移栽后20~30天第二次追肥,亩用肥量与第一次相同。开盘肥也称腊肥,是油菜越冬期的1次重要施肥,由于越冬期是油菜根系生长、叶片绿叶面积制造和积累有机养分的时期,也是花芽开始分化、腋芽开始萌动和发育的重要时期,必须保证充足的养分供应。开盘肥应以迟效肥和速效肥结合,有机肥和无机肥配合。施肥量一般占总肥量的40%左右。可亩施发酵油饼20kg左右或复合肥20kg,粪肥水15~20挑或氮素化肥7~10kg。

(二)清沟排水、中耕、化学除草

丘陵冬油菜区,主要以稻田为主,地下水位较高、土壤湿度较大,特别是秋雨多的年份,土壤胀水严重不利于油菜根系生长,形成湿害,应经常清沟排水,降低土壤湿度,减轻湿害。稻田油菜土壤比较黏重,失水后容易板结,加上10—12月气温较高，容易滋生杂草，不利于油菜根系发育和幼苗生长，因此，应在油菜移栽成活后结合追肥进行1次深中耕，以调节土壤湿度，提高土壤温度，彻底清除杂草，为节省劳力、提高效率和保证质量，在优质油菜生产基地应统一组织进行化学除草。油菜田主要是禾本科杂草和部分阔叶杂草。

（三）中耕培土保温防冻

在苗后期结合施用开盘肥（腊肥）进行1次中耕除草和培土，可起到疏松土壤，改良土壤通气状况，提高土温，使土壤水分状况适宜，有利养分分解的作用。同时，消灭杂草，减少病虫为害，有利油菜根系良好发育，还可起到保温防冻作用，另外，对防止后期倒伏也有积极效果。

（四）增施硼肥

对含硼量在0.4mg/kg以下的缺硼土壤，苗期和薹期增施硼肥的效果最好，硼砂溶液浓度以0.2%效果最佳。

（五）化学调控

油菜大田幼苗前期，是培育壮苗夺高产的重要时期，栽培管理上应以促进为主，促、控结合。对于播种早、施肥足、气温高以及部分杂交种幼苗，有可能出现部分徒长旺苗，表现为苗势高大，叶片多而大，叶柄长叶色深，叶肉组织柔嫩，有的缩茎开始伸长，有可能提早封行，采用化学调控是最有效的方法。目前主要采用的调控药物是多效唑。在油菜越冬前（11月6日）喷施多效唑，亩用15%多效唑可湿粉性剂20g和30g，对水100kg喷雾，每亩角果数、籽粒数增加，产量较对照增产141.4%~146.1%。

二、油菜蕾薹期田间管理

油菜蕾薹期是从油菜现蕾开始（肉眼可见植株心叶部位的幼小花蕾）到初花（25%植株开始开花）为止所经历的一段时间。

在长江流域冬油菜区是从1月底、2月初（立春前后）到2月底、3月上旬（惊蛰节），经历25~35天。蕾薹期长短与品种和温度有关。一般偏春性的早熟品种，现蕾抽薹较早，蕾薹期较长；偏冬性的迟熟品种现蕾抽薹较迟，蕾薹期较短。如气温高于10℃，现蕾后即迅速抽薹；低于10℃时，现蕾到抽薹的日数就较长。

油菜蕾薹期由于气温回升，植株处于旺盛的营养生长与旺盛的生殖生长同时进行阶段。植株的营养器官根、茎、枝、叶均在这一时期最后长成。生殖器官花蕾也在这一时期大量分化和发育完成，而且是有效性较高的时期，也是需要和吸收养分量最多的时期和形成有效分枝与有效角果的重要时期。

（一）因地制宜看苗施好蕾薹肥

蕾薹期是油菜一生中吸收肥料最多的时期，据中国农业科学院油菜研究所研究表明：在蕾薹期仅30天左右的时间内，油菜吸收氮素占全育期总吸收氮量的45.8%，磷素21.7%，钾素54.1%是氮、磷、钾日平均积累的高峰。蕾薹肥在施用时应根据不同产区气候特点和植株生育规律，因地制宜，看苗合理施用，以掌握既保证养分供应，促春发稳长，又不早衰、不贪青晚熟为原则。现蕾时植株长势差的宜早施重施，如前期施肥足、植株长势旺的应少施和不施。

（二）硼肥施用

硼肥的施用，根据朱洪勋等（1989—1993年）研究结果，在油菜苗期和薹期施硼效果最好，用0.2%的硼砂水溶液叶面喷射，效果最佳，比对照增产17.8%，还可使菌核病发病率降低28.6%~68.8%。

（三）预防春寒冻害

油菜是在0℃以上的温度和较长日照条件下开始现蕾抽薹的。一旦现蕾抽薹，抗寒力就减弱，遇到0℃左右的低温，就有可能受冻。在氮肥多而磷钾肥少的田块，易造成这种冻害。现蕾抽薹期提早（播种过早），偏施氮肥，植株生长过旺，冻害均较严重。预防冻害主要措施是合理施肥，提高植株抗寒能力，防止施氮肥过多，形成旺苗徒长，降低了抗寒力。增施磷钾肥，蕾薹受冻后可以采取割薹办法，用刀割除冻薹，追施速效肥，撒草木灰等抗冻。

（四）化学调控

油菜蕾薹期是油菜进入旺盛的营养生长和生殖生长的时期，但仍以营养体生长占优势。在气温高、施肥足、密度大等因素的影响下，营养生长与生殖生长失调，植株容易生长过旺，造成茎秆嫩弱，叶片肥大，田间荫蔽严重。

根据试验结果，以薹高 30cm 左右，每亩施 50g15% 多效唑粉剂对水 50kg 的效果最好。经多效唑处理后，植株初花期、终花期和成熟期将延迟 2~3 天。

三、油菜花果期的田间管理

油菜花果期是指油菜始花至成熟所经历的一段时期，包括开花期和角果发育期 2 个生育时期。开花期指始花至终花，角果发育期指终花到成熟，但实际上从始花起，幼嫩角果便陆续在长大，即边开花、边结果。

油菜进入花果期，是油菜生理上的一个重大转折。花果期之前以营养生长为主，进入花果期之后，开始了以生殖生长为主导的生育时期，只有少量的营养生长。到角果发育期，则进入完全生殖生长的时期，也是直接形成产量的时期。

（一）防治菌核病

菌核病是目前油菜生产中的头等病害，为害极大而又难于防治。土壤、油菜茎秆、种子都可能带菌。菌核在土中 2~3 年不死，但在淹水 1 个月情况下大部分死亡。菌核病在温暖潮湿的条件下发病严重。油菜初花期前后，土壤中的菌核萌发，但症状要在结实期特别是成熟前才大量表现出来，而病菌的侵染是在初花期，因此，菌核病的防治重点在初花期。

(二) 巧施花果肥

油菜蕾薹肥的施用基本上满足了油菜蕾薹期营养器官迅速生长需要。初花以后至成熟还需经历 60 天左右，主要是生殖器官即花、角、种子的发育。除气候因素影响外，养分供应不足是造成油菜结实率低的重要原因之一。特别是优质油菜生长势弱，后期容易出现早衰现象。因此，应在初花期或终花期增施叶面肥。如前中期施肥足，植株生育正常的，可不施花果肥。

花果肥主要以速效氮磷肥进行叶面喷施，如苗、薹期未施硼肥的，可在初花期氮、磷、硼肥一起施用。西南农学院在油菜开花期和结果期喷施 1% 过磷酸钙，油菜籽千粒重分别比对照增加 0.08g 和 0.12g，含油量分别提高 3.71% 和 4.2%。

(三) 灌溉与排水

油菜生育期长，植株高大，枝叶繁茂，是需水较多的作物，而油菜薹期和花期是需水最多的时期。春旱的地区需要进行灌溉，春雨多的地区应清沟排水，降低水位，减轻土壤湿度，防止渍害。

第三节 观光油菜的栽培技术

一、选好品种

结合栽培地的气候条件、当地土壤肥力水平和生产情况，应选择抗逆性强、花期偏长、花色鲜艳、株高适中、不同熟期的高产稳产品种。

观光油菜要求选择花期偏长（花期大于等于 35 天）、花色鲜艳的高产稳产品种。要注意品种搭配，进行早、中、晚熟品种搭配，同一品种连片规模化种植。直播油菜一般播期较晚，宜选用发苗快、耐迟播、产量潜力高、株型紧凑、抗病抗倒性强的双低油菜品种，如杂双5号、双油8号、双油9号、豫油4号、豫油5号、郑杂油2号、秦油2号等品种。

油菜对播种季节反应比较敏感，播种期的确定是油菜栽培技术的关键技术。油菜发芽、出苗和发根、长叶均需要一定的温度条件，发芽适温需要日平均温度15～23℃，幼苗出叶也需要11～16℃以上才能顺利进行。

二、适期早播

播种前要精选纯净、优质、粒大的种子，并且晒种1～2天结合土壤施药。直播油菜适播期为10月上旬，最好不要晚于10月20日。越冬前叶片数要达到7～12片。根据前茬作物收获时间，宁早勿晚。

三、合理密植

播种后早间苗、定苗，每亩适宜种植密度为1万～1.2万株，晚播和旱薄地可加大种植密度，每亩种植1.5万～2.5万株，每亩播种0.3～0.5kg。早播、套种、肥力较高的田块可适当稀植。

四、科学施肥

"三追不如一底，年外不如年里"。油菜施肥要按照"底肥足，苗肥轻，腊肥重，薹肥稳，花肥补"的要领。一般要求基肥以长效肥和速效肥混施，每亩施粗肥1 000～1 500kg、复合肥30kg、尿素5kg、硼砂1kg。施肥2天后，每亩用5kg尿素或油菜专用复合肥与种子混匀同播。花期结合病虫害防治，每亩喷洒0.2%的磷酸二氢钾溶液50kg。

五、及时间定苗

苗后要及时间苗,做到1叶疏苗、2叶间苗、3叶定苗。3叶期可喷施多效唑防止高脚苗,可每亩用15%多效唑可湿性粉剂50g加水50kg喷施。在2~3叶期时要及早间苗,主要间除丛籽苗、扎堆苗以及小苗、弱苗,同时检查有无断垄缺行现象,尽早移栽补空。4~5叶期后,根据田间苗情长势和施肥水平,适当定苗,一般每亩密度控制在1.5万~2万株。

六、化学除草

在播种前每亩用41%农达水剂300mL对水30kg或乙草胺80~100mL对水15~20kg进行地表喷雾除杀,或者在11月中下旬前,日均温度在5~8℃,3叶期前后每亩用12.5%的盖草能乳油50mL或10%高特克乳油150mL对水30kg喷防,可分别防治禾本科杂草和阔叶杂草。

七、防冻保苗

第一,在6~7片真叶期喷施多效唑以增厚叶片,抑制根茎延伸,增强抗冻能力。
第二,在12月上中旬进行中耕培土,防止根茎外漏受冻。
第三,进行冬灌,但田间不能积水,浇后及时中耕保墒。

八、防病治虫

油菜主要病虫害有菌核病、猝倒病和蚜虫、菜青虫、黄曲跳甲等。其中,以菌核病发生普遍,为害最大。防治上以防为主,除采取轮作、种子处理,做好清沟排渍、降低湿度等措施外,一般在初花期及盛花期用40%菌核净可湿性粉剂1 000~1 500倍液或50%多菌灵可湿性粉剂300~500倍液喷施,每次每亩可喷洒

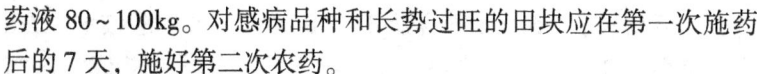

药液 80~100kg。对感病品种和长势过旺的田块应在第一次施药后的 7 天，施好第二次农药。

九、适时收获

适时收获是油菜生产的重要环节。在油菜终花后 30 天、主轴角果 80% 转为黄色、种皮呈现固有色质、种子不易捏烂时，是油菜收割的最佳时期，要及早抢晴收割。

十、注意事项

第一要注意油菜不同品种统一规模化种植，不能插花种植。

第二要控制油菜的密度和播期，首播密度太稀不能保证产量，密度太高花期又太集中。

第三要开花后期喷施磷钾肥，但要注意肥水控制，既要防止发生贪青迟熟倒伏，也要防止早衰。

第四节　油菜病虫害防治

一、油菜主要病害防治

（一）油菜菌核病

1. 症状与为害

油菜菌核病又称菌核软腐病，也称霉秆、烂秆等，发生普遍，为害严重，影响油菜的产量和质量，已成为油菜继续增产的主要矛盾。油菜生育期高温多雨，菌核病发生严重。油菜菌核病是一种真菌性病害，它为害时间长，从苗期到成熟期都可发生，开花后发生最多。

2. 防治方法

（1）选种和种子处理。选无病株留种，筛去种子中的大菌核，然后用盐水（5kg 水加食盐 0.5~0.75kg）或硫酸铵水（5kg 水加硫酸铵 0.5~1kg）选种，外用清水洗种；也可用 50℃温水浸种 10~20 分钟或 1∶200 福尔马林浸种 3 分钟。

（2）药剂防治。药剂种类与用量为：每亩用 15%氯啶菌酯乳油 55~66g 对水喷雾，每亩用 25%使百克（咪鲜胺）40mL 对水喷雾，或 40%菌核净（原名纹枯利）可湿性粉剂 1 000~1 500 倍液 1~2 次，50%多菌灵粉剂或 40%灭病威悬浮剂 500 倍液 2~3 次，70%甲基托布津可湿性粉剂 500~1 500 倍 2~3 次，50%速克灵粉剂 2 000 倍 2~3 次。上述药液用量为每亩每次 100~125kg。油菜开花期，叶病株率 10%以上，茎病株率在 1%以下时开始喷药，每次间隔 7~10 天。

（3）生物防治。一般将生防制剂施入土壤中。防效较好的有盾壳霉、木霉等制剂。

（二）油菜病毒病

油菜病毒病又称花叶病、缩叶病、毒素病或萎缩病，是油菜常见的病害，严重发生时对产量影响很大，同时，使菜子含油量降低。染病植株不仅抗病力低，容易被菌核病、霜霉病和软腐病所侵染，而且冬春也易受冻害。主要传染途径是由蚜虫的活动，蚜虫在病株上吸汁，可使油菜感病。蚜虫是油菜的主要虫害之一，在干旱年份更为严重，蚜虫又是传播油菜病毒病的主要媒介，因此，一定要把蚜虫消灭在造成危害之前，治蚜虫的关键是：第一早治，油菜出苗就开始治蚜虫；第二连续治；第三普治，将其他十字花科作物间油菜一起防治。

苗期主要症状是枯斑和花叶，成株期茎秆上主要有条斑、轮纹斑和点状枯斑。防治病毒病关键在于预防苗期感病。最直接的措施：一是远离十字花科菜地及防治（油菜播种前至 5 叶期）十字花科菜田的蚜虫；二是推迟油菜播期，躲过感病期。

(三) 油菜霜霉病

1. 症状与为害

霜霉病又名露菌病，以冬油菜区发生普遍，自苗期到开花结荚期都有发生，为害叶、茎、花和果，影响菜子的产量和质量。霜霉病在油菜一生期间均可发生，叶片发病后，初为淡黄色斑点，后扩大成黄褐色大斑，受叶脉限制呈不规则形，叶背面病斑上出现霜状霉层，茎、薹、分枝和花梗感病后，初生褪绿斑点，后扩大成黄褐色不规则形斑块，花梗发病后有时肥肿、畸形，花器变绿、肿大，呈"龙头"状，表面光滑，上有霜状霉层，感病严重时，叶枯落直至全株死亡。

2. 防治方法

（1）无病株留种或种子处理。如用10%盐水处理种子，再清洗种子，或用25%瑞毒霉浸种、拌种，用量为种子重量的1%。

（2）药剂防治。52.5%抑快净水分散粒剂1 500倍液，69%安克·锰锌可湿性粉剂900~1 000倍液，72.2%普力克（霜霉威）水剂600~800倍液，翠伟（32.5%苯甲·嘧菌酯悬浮剂）2 500~3 000倍液，或翠江（70%丙森锌可湿性粉剂）500~700倍液，25%瑞毒霉粉剂600~800倍液，80%乙膦铝500倍液，50%托布津1 000~1 500倍液，50%退菌特粉剂1 000倍液，65%代森锌500倍液，于初花期叶病株率10%以上开始喷药，每7天1次，喷2~3次，每次每亩喷药液100kg。

(四) 油菜猝倒病

1. 症状与为害

病菌以卵孢子在12~18cm表土层越冬，并在土中长期存活。翌春，遇有适宜条件萌发产生孢子囊，以游动孢子或直接长出芽管侵入寄主。以南方多雨地区较重。

病菌侵染幼苗，油菜出苗后，在茎基部近地面处产生水渍状斑，初期幼茎近地表处出现水渍状斑，后变黄腐烂并渐干缩，折断而死亡。根部发病后出现褐色斑点，严重时地上部分萎蔫，从地表折断，潮湿时病部密生白霜，即病菌菌丝、孢囊梗和孢子囊。发病轻的幼苗，可长出新的支根和须根，但植株生长发育不良。

2. 防治方法

（1）选用耐低温、抗寒性强的品种，如陇油2号、杂双5号、豫油2号等。

（2）可用种子重量0.2%的40%拌种双粉剂拌种或土壤处理。药剂处理土壤方法可用每亩10kg 30%的石灰氮进行土壤处理。必要时，可喷洒25%瑞毒霉可湿性粉剂800倍液或3.2%恶甲水剂300倍液、95%恶霉灵精品4 000倍液、72.2%普力克水剂400倍液，每亩喷兑好的药液2~3L。

（3）合理密植，及时排水、排渍，降低田间湿度，防止湿气滞留。

（五）油菜软腐病（又称根腐病）

1. 症状与为害

油菜软腐病又名根腐病，在我国冬油菜区发生较普遍。油菜感病后茎基部产生不规则水渍状病斑，以后茎内部腐烂成空洞，溢出恶臭黏液，病株易倒伏，叶片萎蔫，籽粒不饱满，重病株多在抽薹后或苗期死亡。病原菌主要在病株残体内繁殖、越夏越冬，由雨水、灌溉水、昆虫传播，从伤口侵入。高温高湿有利于发病，连续阴雨有利于病菌传播和侵入。发病症状主要是靠近地表的茎秆，发生水渍状的软腐，内部腐烂，呈空洞状，有恶臭。本病可在根茎叶上发生，病苗从茎基伤口入侵，产生不规则的水渍状病斑，略为凹陷，表皮稍皱缩，继而病部皮层开裂，内部软腐变空，可从茎蔓延到根部。靠近地面发病的叶片，叶柄纵裂、软化、腐败，病部出现灰白色或污白色黏液，有强烈臭味。病株叶片萎缩，初期早晚间能恢复，晚期则失去恢复能力，重者抽薹后倒伏死亡。

2. 防治方法

(1) 因地制宜选用抗病品种。

(2) 与材料作物实行 2~3 年轮作。

(3) 加强田间管理。合理掌握播种期，采用高畦栽培，防止冻害，减少伤口。播前 20 天耕翻晒土，施用酵素菌沤制的堆肥或充分腐熟的有机肥，提高植株抗病力；合理灌溉，雨后及时开沟排水；收获后及时清除田间病残体，减少来年菌源。

(4) 药剂防治。发病初期喷洒 72%农用硫酸链霉素可溶性粉剂 3 000~4 000 倍液或 47%加瑞农可湿性粉剂 900 倍液、30%绿得保悬浮剂 500 倍液、14%络氨铜水剂 350 倍液，隔 7~10 天 1 次，连续预防治 2~3 次。油菜对铜制剂敏感，要严格控制用药量，以防药害。

二、油菜主要害虫防治

(一) 蚜虫

1. 症状与为害

油菜蚜虫有 3 种，即萝卜蚜、桃蚜和甘蓝蚜，是为害油菜最严重的害虫。在干旱年份更为严重，蚜虫又是传播油菜病毒病的主要媒介，因此，一定要把蚜虫消灭在造成为害之前，治蚜虫的关键是：第一早治，油菜出苗就开始治蚜虫；第二连续治；第三普治，将其他十字花科作物间油菜一起防治。

2. 具体防治方法

(1) 苗期早治。苗期有蚜株率达 10%，每株有蚜 1~2 头，抽薹开花期 10%的茎枝或花序有蚜虫，每枝有蚜 3~5 头时，要注意及早进行防治，每亩可用 10%吡虫啉 20g，或 4.5%高效氯氰菊酯 30mL，或 3%啶虫脒乳油 40~50mL，或 50%抗蚜威可湿性粉剂 10~15g，或 2.5%功夫乳油 10~20mL 等对水喷雾防治。

(2) 越冬期普治。萝卜蚜的无翅成蚜、若蚜喜欢潜伏在油菜心叶内越冬，桃赤蚜喜欢躲在贴近地面的油菜叶背面越冬，这些都是开春后蚜虫暴发的基础。因此，在油菜越冬期要全面普治1次蚜虫。可在油菜开盘前后，每亩用3%啶虫脒乳油40~50mL或50%抗蚜威10~15g或40%乐果乳剂80~100mL、10%吡虫啉可湿性粉剂10~15g对水75kg喷雾防治。

(3) 抽薹期狠治。要在抽薹始期开始，及时狠治蚜虫。一般可在主枝孕蕾初期亩用25%吡蚜酮可湿性粉剂20g或10%烯啶虫胺水分散颗粒剂6g或~70%吡虫啉水分散颗粒剂8~10g，以上药剂任选1种，加2.5%高效氟氯氰菊酯乳油20mL，对水50kg进行叶面喷雾。

(4) 开花结荚期重治。应在蚜虫为害始期进行重治，以压住其暴发和蔓延的势头。一般可用25%阿克泰（噻虫嗪）水分散粒剂5 000~7 500倍液，或20%灭菌酯800倍液，或2.5%溴氰菊酯2 500~3 000倍液，或80%敌敌畏1 500倍液喷雾防治。

(5) 在油菜播种时，采用播种沟施用地蚜灵，对油菜蚜虫具有较佳防治效果，用地蚜灵粉剂40g/亩拌干土10kg施入播种穴内，可控制油菜整个生育期蚜虫的危害。

(二) 菜青虫

1. 症状与为害

菜青虫是菜粉蝶的幼虫，在油菜苗期为害最严重，幼虫咬食油菜的叶片，2龄前仅啃食叶肉，留下一层透明表皮，3龄后蚕食叶片出现孔洞或缺刻，严重时叶片全部被吃光，只残留粗叶脉和叶柄，造成绝产。菜青虫取食时，边取食边排出粪便污染。幼虫共5龄，3龄前多在叶背为害，3龄后转至叶面蚕食，4~5龄幼虫的取食量占整个幼虫期取食量的97%。根据菜青虫发生和为害的特点，在防治上要掌握治早、治小的原则，将幼虫消灭在1龄之前。

2. 防治方法

（1）农业防治。清洁田园，油菜收获后，及时清除田间残株老叶，减少菜青虫繁殖场所和消灭部分蛹。

（2）化学防治。一般在卵高峰后1周左右，即幼虫孵化盛期至3龄幼虫前用药，连续使用2~3次，可以选用以下药剂：①高效Bt可湿性粉剂750~1 000倍液，或0.2%阿维虫清乳油2 500~3 000倍液喷雾防治。②亩用2.5%高效氟氯氰菊酯乳油20mL，或10%除尽悬浮剂10mL，或5%来福灵乳油10~20mL，对水40kg喷雾防治。24%美满悬浮剂2 000~2 500倍液，或5%锐劲特悬浮剂2 500倍液，或2.5%菜喜悬浮剂1 000~1 500倍液等喷雾。③20%灭幼脲1号悬浮剂或25%灭幼脲3号悬浮剂1 000倍液喷雾防治。

防治时要注意抓住防治适期，在田间卵盛期、幼虫孵化初期喷药，据菜青虫习性，于早上或傍晚在植株叶片背面和正面均匀喷药，可有效防治菜青虫的为害。

（三）油菜潜叶蝇

1. 为害特点

油菜潜叶蝇以幼虫为害植物叶片，幼虫往往钻入叶片组织中，潜食叶肉组织，造成叶片呈现不规则白色条斑，使叶片逐渐枯黄，造成叶片内叶绿素分解，叶片中糖分降低，为害严重时，被害植株叶黄脱落，甚至死苗。由于潜叶蝇的幼虫钻到叶片里为害，一般药剂不容易接触它，所以，最好在幼虫潜入叶片前用药，以产卵期喷药效果最好。

2. 防治方法

（1）防治适时灌溉，清除杂草，消灭越冬、越夏虫源，降低虫口基数。

（2）杀灭掌握成虫盛发期，及时喷药防治成虫，防止成虫产卵。成虫主要在叶背面产卵，应喷药于叶背面。或在刚出现为害时喷药防治幼虫，防治幼虫要连续喷2~3次，农药可用1.8%阿维菌素乳油600~1 200倍液，或40%毒死蜱乳油750~1 000倍液，或30%灭蝇胺可湿性粉剂1 500~1 800倍液，或50%氟啶脲乳油2 000倍液等喷雾防治。或每亩喷2.5%敌百虫粉剂2~2.5kg，视虫情每隔7~10天防治1次。在移栽时，可带药移栽，用手握住油菜苗的根基，将苗叶在40%乐果乳剂2 000倍液里浸一浸，这样不仅可消灭幼苗叶上的害虫，而且对移栽到大田后的幼苗也有一段时间的保护作用。

（四）蟋蟀（俗称蛐蛐）

1. 为害特点

蟋蟀主要在油菜幼苗期咬食幼茎，造成严重缺苗断垄，给油菜生产带来严重损失。

2. 防治方法

（1）毒饵诱杀。用60~70℃的水将90%的晶体敌百虫溶解成30倍液，取药液1kg，与30~50kg炒香的麦麸或饼粉拌均匀，亩用药3~5kg，在傍晚时撒施于行间，一般用2~3次。

（2）堆草诱杀。利用蟋蟀白天的隐蔽习性，在油菜田或地头设置一定数量5~15cm厚的草堆，可大量诱集幼、成虫，集中捕杀。

（3）药剂防治。亩用20%速灭杀丁（氰戊菊酯）乳油30mL或2%阿维菌素35mL加48%毒死蜱50mL对水40kg，从油菜田四周向中心喷雾防治。每7天喷1次药，连续喷2~3次。由于蟋蟀活动性强，防治时应注意连片统一防治，否则，难以获取较持久的效果。

（五）黄曲条跳甲

1. 为害特点

为害油菜和十字花科蔬菜，成虫、幼虫都可为害，幼苗期受害最重，常常食成小孔，造成缺苗毁种。成虫善跳跃，高温时还能飞翔，中午前后活动最盛。油菜移栽后，成虫从附近十字科蔬菜转移至油菜为害，以秋、春季为害最重。严重时，可使整株叶片发黄枯死，另外，还能传播软腐病。

2. 防治方法

药剂可用20%吡虫啉可湿性粉剂5~10g加水50~60kg均匀喷雾；或40%速扑杀乳油60mL加水50kg喷雾；10%高效氯氰菊酯乳油3 000倍液或48%毒死蜱乳油1 000倍液或25%溴氰菊酯2 000~3 000倍液防治。

参考文献

陈传印,等. 2011. 作物生产技术（北方本）[M]. 北京：化学工业出版社.

马新明,等. 2010. 农作物生产技术（北方本）[M]. 北京：高等教育出版社.

王金华. 2018. 粮油作物栽培技术 [M]. 成都：电子科技大学出版社.

邢君,李金才. 2015. 安徽玉米丰产高效栽培理论与技术 [M]. 合肥：安徽科学技术出版社.

薛全义. 2011. 作物生产技术（北方本）[M]. 北京：化学工业出版社.

杨国红,杨育峰,肖利贞. 2016. 一本书明白甘薯高产与防灾减灾技术 [M]. 郑州：中原农民出版社.

于振文. 2017. 黄淮海小麦绿色增产模式 [M]. 北京：中国农业出版社.